世界奥秘解码

人类文明的奇特搜寻
人类魔力揭晓

韩德复　编著

中国出版集团
现代出版社

前言
reface

　　大千世界，无奇不有，怪事迭起，奥妙无穷，神秘莫测，许许多多难解的奥秘简直不可思议，使我们对这个世界捉摸不透。走进奥秘世界，就如走进迷宫！

　　奥秘就是尚未被我们发现和认识的秘密。它总是如影随形地陪伴着我们，它总是深奥神秘的吸引着我们。只要你去发现它、认识它，你就会进入一个新的时空，使你生活在无限神奇的自由天地里。

　　在一切认知与选择的行动中，我们总是不断地接触到更大的境界，但是这境界却常常保持着神秘的特点。这奥秘之魅力就像太阳一般，在它的光照下我们才能看见一切事物，但我们的注意力却不在于阳光。

　　奥秘世界迷雾重重，我们认识这个熟悉而又陌生的世界，发现其背后隐藏着假象与真知，箴言和欺骗，探寻奥秘世界的真相，我们就会在思考与探索中走向未来。

　　其实，世界的丰富多彩与无限魅力就在于那许许多多的难解的奥秘，使我们不得不密切关注和发出疑问。我们总是不断地去认识它、探索它。今天的科学技术日新月异，已经达到了很高的程度，尽管如此，对于那些无数的奥秘谜团还是难以圆满解答。

古今中外许许多多的科学先驱不断奋斗，一个个奥秘不断解开，并推进了科学技术的发展，随即又发现了许多新的奥秘现象，又不得不向新的问题发起挑战。这正如达尔文所说："我们认识世界的固有规律越多，这种奇妙对于我们就更加不可思议。"科学技术不断发展，人类探索永无止境，解决旧问题，探索新领域，这就是人类一步一步发展的足迹。

为了激励广大读者认识大千世界的奥秘，普及科学知识，我们根据中外的最新研究成果，特别编辑了本套丛书，撷取自然、动物、植物、野人、怪兽、万物、考古、古墓、人类、恐龙等诸多未解之谜和科学探索成果，具有很强的系统性、科学性、前沿性和新奇性。

本套丛书知识面广、内容精炼、图文并茂，形象生动，非常适合广大读者阅读和收藏，其目的是使广大读者在兴味盎然地领略世界奥秘现象的同时，能够加深思考，启迪智慧，开阔视野，增加知识，能够正确了解和认识世界的奥秘，激发求知的欲望和探索的精神，激起热爱科学和追求科学的热情。

目录
Contents

奇特民族

古怪生灵

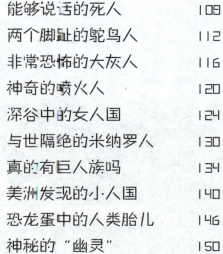

远古时空

　　人类的祖先是谁？生命是从哪儿来的？又是如何发展的？人类有过毁灭与重生吗？人类文明曾被毁灭过吗？这发生在远古时空的事亦真亦幻，迷雾重重，真相到底是什么？

人类祖先之谜

骨头的重要意义

1856年8月的一天，在德国西北部的尼安德特河流域，一个工人在石灰岩矿里发现了一些骨头，他以为是穴居熊的骨头，就把它收好并拿给约翰尼·佛罗特看。佛罗特是当地的小学教师，一个热心的自然历史学家。佛罗特立刻意识到，这个发现远非熊的骨头。它的头骨和人的头骨差不多大，但形状不同，其前额低平，眉骨隆起，鼻子大而突出，门牙很大，后脑勺突起。从所发现的骨骼来判断，它的身体也和人相似，可能比一般的人要矮小和粗壮。

佛罗特认识到，这些骨头的重要意义在于它们是在远古时代的地质沉积物中被发现的。这位小学教师与附近波恩大学的解剖学教授赫尔曼·沙夫豪森取得了联系。他同样认为这些骨头很特别，正像他后来所描述的，"这是一个还不被人们所知的自然存在物"。

沙夫豪森相信，这个工人所发现的确实是一个新的，或者说相当于人种类型，我们可以把它称为尼安德特人。沙夫豪森甚至推测，尼安德特人是现代人的古老祖先。

尼安德特人体形特征

根据现有资料判断，尼安德特人骨骼粗大，肌肉发达，但个子不高，男子只有1.55米至1.56米。由于身体较矮，脊椎的弯曲

也不明显，因此他们很可能是弯着腰走路，跑步时身体略微朝向地面。

尼安德特人头骨的特征是：前额低而倾斜，好像向后溜的样子，眉峰骨向前突出很多，在眼眶上形成整片的眉脊。尼安德特人的脑部已经非常发达，脑容量约达1000毫升。尼安德特人使用较为进步的打制石器，过着狩猎和采集的生活。这表明，当时的人类在同大自然界的斗争中，自身已有了较大的发展。

自从1856年人们第一次发现尼安德特人的化石以来，尼安德特人一直是一个吸引公众兴趣的谜，对尼安德特人的各种猜测一直不断。从许多方面来看，尼安德特人都可称得上是原始人类研究中的恐龙。

与恐龙一样，尼安德特人也是突然之间销声匿迹的，他们消亡的原因也一直是学者们争论不休的话题。但是，一些人对尼安德特人有许多的误解，他们往往被看作陈旧过时的化身，被诽谤为因智力不足以应付环境的变迁而导致灭亡的低等人种。而实际

情况是尼安德特人非常成功地面对气候挑战的时间至少有20万年，比延续至今的现代智人还要长12.5万年~15万年。

科学家的分歧

当时最著名的病理学家鲁道夫弗吉尔在仔细检查了这些骨头后宣布，它们属于一种普通人类，也就是一种遭受了某种异常疾病的人类。其他专家都赞同此种说法。

19世纪末，大部分科学领域开始盛行达尔文主义。一些科学家，如法国的加布里埃尔·德·莫提里特再次查看了这些骨头，并坚持认为现代人类是从尼安德特人进化而来的。在法国、比利时以及德国发现的更多的尼安德特人遗骸也为此提供了依据。这些化石可以追溯到3.5万年前，这样，认为他们是病人或现代人的说法就站不住脚了。

但是，以另一位法国人马塞林·鲍尔为首的大多数科学家仍坚决拒绝承认尼安德特人是人类的祖先。鲍尔虽然承认这些骨骼可能很古老，但他并不认为与人类有关。

鲍尔辩驳道，与其说这个屈膝、粗颈、弯背的尼安德特人像

人类，倒不如说它更像猿猴。他认为，如果现代人类与尼安德特人有任何关系的话，唯一可能的是，不管我们真正祖先是谁，都不可能是这个退化物种。

皮尔顿人是人类祖先吗

直至20世纪，鲍尔的追随者还把尼安德特人排除在人类祖先之外。原因在于他们能够提出自己的一种祖先的候选人，这就是发现于1912年的著名的皮尔顿人。

一位名叫查尔斯·道森的业余化石搜寻者在英格兰一个名为苏塞克斯的工地里发现了皮尔顿人骸骨，这一发现立即引起了轰动。但与尼安德特人不同，皮尔顿人的脑壳在很多方面都与现代人相似。虽然像猿猴一样的下巴看起来有些原始，但是他们顶部平平的牙齿更增加了人类的特征，这就是鲍尔因此宁愿承认皮尔顿人为自己祖先的人类。

问题在于皮尔顿人是一场骗局。有人把一个现代人的头骨与一个猩猩的下巴骨合在了一起，然后把它们弄污，牙齿被锉平，使它们看起来好像很古老，使研究者们陷入圈套。直至1953年，科学家们才想到在显微镜下观察这些牙齿，牙齿的顶端被锉过的痕迹清晰可见。

尼安德特人是出现在欧洲的早期智人。直立人走出非洲后，约60万年前在欧洲演化出海德堡人，海德堡人又于约30万年前演化出尼安德特人。名称是因其化石发现于德国杜塞尔多夫附近尼安德特河谷。

在线小知识

海猿是人类的近祖吗

人类起源时间

达尔文的进化论打破了上帝造人的神话，19世纪以后，一直被人们奉为圣典。虽然说进化论是人类伟大的发现之一，但它也有不完备的地方，试看根据进化论列出的人类起源时间表：

古猿：生活于800万年至1400万年前。

南猿：生活于90万年至400万年前。

猿人：生活于20万年至120万年前。

这里有两个空白期：古猿与南猿之间空缺400万年，南猿与猿人之间空缺20万年。所谓空白期，就是没有发现这一时期的化石。相比而言，400万年的空白期更引人注目。

海猿学说提出

有的学者提出了一个新的学说来解释这一段时间的化石空白，这个学说就是海猿说。

1960年，英国的人类学家阿利斯特·哈代提出：化石空白期人类的祖先不是生活在陆地上，而是生活在海洋中。人类进化史中，存在着几百万年的水生海猿阶段。哈代提出：地质史表明，400万年前至800万年前，在非洲的东部和北部曾有大片地区被海水淹没，迫使部分古猿下海生活，进化为海猿。

几百万年后，海水退却，已适应水中生活的海猿重返陆地。它们在水中生活进化出两足直立，控制呼吸等本领，为以后的直立行走，解放双手和发展语言交流等重大进化步骤创造了条件。

海猿说的提出是根据人的许多生理学方面的特征，这些特征在别的陆生灵长类动物身上都没有，而在海豹、海豚等水性哺乳动物身上却同样存在。

作为这一论断的根据，哈代列举了人与猿猴之间的许多不同点，这些不同点大部分和水有关。

例如，猿猴厌恶水，而人类婴儿几乎一出生就能游泳；猿猴不会流泪，而海豚和其他海洋哺乳动物，比如儒良，即"美人鱼"有眼泪。

人类是唯一能以含盐分的泪液来表达某种感情的灵长类动

物，这可能和人类早期在海洋中的经历有关。从身体的结构看，人的躯体绝大部分是光滑的和海洋哺乳动物相同；人和海豚有皮下脂肪，猿猴却没有；人的脊柱可以弯曲，适合于水中运动，而猿猴的脊柱是不能后弯的。

人类喜欢吃鱼、贝类等水生生物，而猿猴则不。鱼类中含有大量不饱和脂肪酸，对大脑发育有益。国外一位著名营养生物化学权威曾指出，人之所以进化到现在的程度，食用鱼是很重要的原因。

另外，人在潜水时，体内会产生一种称为"潜水反应"的现象，即肌肉收缩，全身动脉血管血流量减少、呼吸暂停、心跳也变得缓慢。

此时，饱含氧气的血液不再输入到皮肤组织、骨骼和其他器官，而全部集中到维持生命最重要的机体中心大脑和心脏，使它们的细胞得以在几十分钟的时间不致死亡。

这种现象与海豹等水生动物的潜水反应十分相似。综合这种特性，哈代断言：人由海洋哺乳动物进化而来，上岸的成为人类，没上岸的被叫作海怪。

人类对食盐的需求量

在研究人类与其他哺乳动物控制体内盐分平衡的生理机制后发现，在这一方面人类与所有陆生哺乳动物不同，而与水兽相似。动物缺盐时，食欲锐减，对食盐的渴求抑制了其他生理欲望。然而，一旦满足了它们对食盐的需要，多余的食盐就再也不能引起它们的兴趣。动物对自身食盐的需要量有精确的感觉，它们摄入食盐也极有分寸。

然而，人类对食盐的需求量是没有感觉的，摄入食盐也毫无分寸。

例如，一些生活在美洲印第安部落的人生来就厌恶食盐。而日本和西方的一些国家，人们摄入的食盐量超过健康需要量的15倍至20倍，达到了危害心血管系统的地步。

人类不具备别的陆生哺乳类动物那种对食盐摄入精细的调节本领，体内缺盐不产生渴求，摄入食盐过多已不能自我控制，而这一特性与生活在海洋中盐分充足的水兽相似。

雄性猿猴与雌性猿猴的交配是倚伏于背部进行的，而大部分海洋哺乳动物，是面对面进行的。有趣的是，海豚生产时也像人那样，是由充当接生婆的海豚用"手"迎接新生儿，这和猿猴也不一样。

在线小知识

非洲东部的原始部落人

封闭的马赛族

非洲东部受到气候和地理环境的影响，很多地方一直处在非常封闭的状态，在那里生活着许许多多的原始部落。他们都有属于自己的生活习惯和服饰特点，甚至还用自己的语言和文字，形成了各部落不同的历史和文化。在埃塞俄比亚南部地区，奥莫低谷地区，还有肯尼亚地区等很多地方至今仍有部落保持着最原始的生活状态和最传统的文化习俗。

生活在肯尼亚的马赛族是当地的一支土著部落，他们主要分布在肯尼亚南部地区，在坦桑尼亚北部的草原地区也有一些分支，他们说的是马赛语，部落相信万物有灵。

现在的马赛人有

50多万，他们是尼罗河游牧民族的传承者。虽然他们的生活还是很贫苦，仍然住在又黑又矮的茅草屋里，但可以看出，他们的生活正在逐渐地改变。

马赛人是什么样的

马赛族的男子身材高大，长相也很英俊，被称为西方殖民者眼中"高贵的野蛮人"。他们的主要食物是牛羊肉以及奶，玉米粥也是他们的主食之一。

他们生活的地区经常会有狮子、大象和豹子等野兽出没，常年和野兽共生共存，这使他们和野兽之间形成了一种默契，平时并不相互干扰。

马赛人从不透露他们的牛羊数目，他们生活的村子就像军营，居住很集中。他们的屋子很低，因为没有窗户，屋子里的光线很不好。

马赛人喜欢穿鲜红的长袍，据说可以驱兽防身。

对于牧人来说，红色就像火焰

一样，是力量的象征。

马赛人是世界上最能行走的人，他们经常步行去离部落10多千米之外的市场，也会为了给自己的牛羊寻找美味的牧草，走上几天几夜。这也许是由于长期的游牧生活锻炼了他们。他们是东非地区现存的最有特色的少数民族之一。

现在的马赛族

马赛人曾流传着一个古老说法："我们右手持长矛，左手持圆棍，就不能再拿书本了。"但随着时代变迁，很多马赛人的习俗已发生了很大变化。

现在大多数马赛人的孩子都去附近的学校上学读书。在肯尼亚政府大力推进保护野生动物的过程中，马赛男子的成人礼也不再是杀死一只狮子，而是尽可能多地养牛。每养10头牛，才能娶

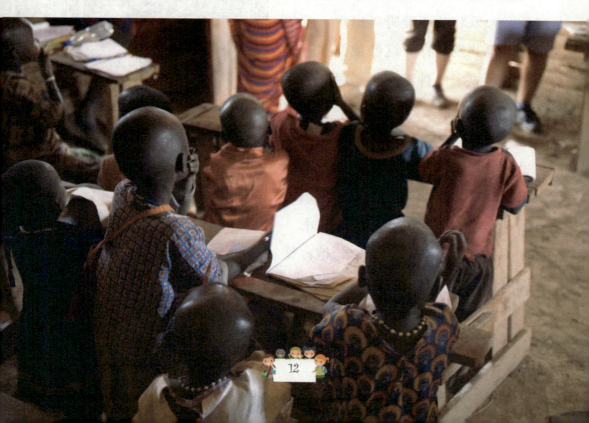

一个妻子，因为马赛人实行一夫多妻制。

现在的马赛族已经成为旅游的景点，当人们进入他们的部落时，所有的孩子都会围拢过来，表现十分热情和亲昵，他们都赤着脚，大点的孩子背着小点的孩子。

由于事先付了费用，游客还会被邀请到部落首领的家里进行参观。他们的生活条件还很艰苦，连像样的床被都没有，他们吃饭的餐具是用了很久的搪瓷缸子。

这显然和现代的生活完全联系不到一起。马赛人仍然生活在古老的原始时期。但从他们满足的笑脸里可以看出，物质生活的缺乏并没有阻挡他们快乐的脚步。

在线小知识

马赛人的村庄是由泥土堆砌成，排成圆环，圆环外用带刺的灌木围成篱笆。他们的屋子像倒扣的缸，开一个很小的门，人只能弯腰才能进去，这样，主人可以在家里方便地刺杀试图进入屋内的人。

远古时代的扎赉诺尔人

考古发掘

扎赉诺尔位于我国内蒙古自治区满洲里市以东、海拉尔市以西。

从1927年开始，在扎赉诺尔的地下陆续发掘出多处新石器时代的文化遗址。

1933年，扎赉诺尔煤矿副矿长顾振权首先发现了一个人头骨，日本古人类学家远藤隆次将其命名为"扎赉诺尔人"。

1943年，日本考古学家嘉纳金小郎发现了第二号人头骨，1944年我国考古学家裴文中又发现了第三号人头骨。

1973年以后，考古学家又连续发现了12个人头骨和完整的猛犸象骨架等。同时，考古学家还发现了箭头、圆头刮削器、石叶、石片、石核，以及野牛、马、鹿、羚羊等化石。

经科学测定，距今约1.1万多年前，就已经有人类在这一带劳动、生息和繁

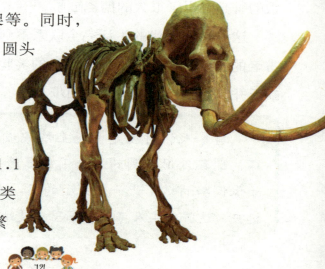

衍。但有些学者认为，由于发掘时的地层混乱，具体年代尚待进一步研究，可能属于中石器时代。

体质形态

经过对扎赉诺尔人头像的复原，我们可以大略看出他们的头部形态，即颧骨突出，门齿呈铲状，眉弓粗壮，这是典型的原始黄种人的特征。

古人类学认为，在晚期智人阶段即"新人"、"真人"阶段，原始人的体质形态与现代人类已没有多大区别了。现代世界上三大人种：黄种，即蒙古利亚人种、黑种，即赤道人种、白种，即欧罗巴人种在这个时期已经形成。

三大人种相互间的区别只是外在的标志，至于智力和体力，则一切人种都是一样的。关于三大人种形成的问题，是很复杂而至今还没有得到最后彻底解决的大问题。

劳动技巧

原始扎赉诺尔人在石器的制造和加工方面有了较大的进步，已具有较高的劳动技巧和活动能力。他们改善了打击、琢刻、压削和修理石器的方法，因而制造出的石器更加多样，也更加精细美观，对称均匀，锋利适用。

特别重要的是他们已学会制造复合工具和复合武器，如在木棒上装上石矛的矛、装上木棒的鱼叉、装上木柄的石斧等。

他们尤其善于把精制的石片嵌入骨柄中，制成带骨柄的刀或锯，适于剥削兽皮或树皮。他们懂得利用骨针和骨锥，把兽皮缝制成衣服，不再完全赤身裸体了。

制陶术的发明是扎赉诺尔人处于新石器时代的重要标志之一。他们把一团黏土做成陶坯，然后再用火烧制成陶器。陶器的出现便于储存液体，并且使他们有了煮熟食物的器具，是他们生活中一大进步。

起源问题

许多学者都认为，细石器文化起源于贝加尔湖边，由于天气变冷而向南传播，因此扎赉诺尔人是从贝加尔湖边迁移来的。

但是，也有不少学者对此种说法持怀疑和否定态度，他们认为扎赉诺尔人是从我国南方迁移去的。究竟孰是孰非？

远古人类在什么地方

"扎赉诺尔人"究竟是从哪里来的？又到哪里去了？许多学者认为，扎赉诺尔很可能是原始黄种人迁徙的中转站，东往朝鲜、日本迁移，成为朝鲜人和日本人的祖先。

日本唯一的少数民族，即阿伊努人，生活在日本北海道地区。他们的体格特征明显地异于日本人。他们平均身高两米，具有白种人的凸额、毛被和色素，是有别于东方民族的无法归类的

民族。有专家研究了阿伊努人的历史后认为，他们的祖先就有可能是"扎赉诺尔人"。

阿伊努人的血型是特殊的，任何其他民族都没有。专家们认为，即使在数十亿属于黄色人种的人当中，偶然出现几万个具有白种人生理特征和遗传特征的人也是不大可能的。

阿伊努人的传说

据传，在远古时代，勇敢智慧之神曾降临日本北海道的北部，他那闪亮的金属飞船白天呈银灰色，夜间却是火红的。当飞船升上天空时，发出雷鸣般的巨响。这位大神在人间停留了几个春夏秋冬，教给人们务农、做工、艺术和智慧。

他传授给阿伊努人一部关于道德和社会准则的法典，然后就"乘坐他的飞船向星星飞去，永远地消失了。"

阿伊努人怎么能够编造出一个金属飞船的故事呢？他们怎么能够知道它能够飞上星星呢？阿伊努人的祖先是什么时候出现在亚洲的呢？他们真的是"扎赉诺尔人"吗？

这仍然是无法解开的谜，如果这些谜能够得到准确的答案，就有利于进一步去解开黄种人的起源和迁徙之谜，以及美洲印第安人最早祖先之谜。

在线小知识

1982年，在我国内蒙古满洲里地区扎矿煤层上部地层中先后发现16个人头骨化石及大量的人工制品、古生物化石，证明了在1万多年以前，满洲里地区曾是扎赉诺尔人生活和栖息的故乡。

人类有毁灭与再生吗

上帝造人的故事

《圣经》向人们讲述了一个上帝造人的故事：上帝用泥土做成了人形，取名亚当，并以亚当的肋骨造出其妻夏娃，然后将他们同置于伊甸园中，由于他们的繁衍生息便出现了人类。

科学家的新见解

谁是我们的祖先？这种上帝造人的说法，在达尔文创造生物进化论学说之后本已被人视为无稽之谈。但美国加州大学一科学家却提出了一种与此相关的新见解。

随着分子生物学的发展，人们发现了细胞质中的线粒体也含有遗传物质DNA。现代生殖学业已证实，在高等动物的受精过程中，精子中的线粒体DNA是不能进入受精卵的，人类细胞的线粒体DNA都来自母亲，因此，线粒体DNA属于严格的母系遗传。这样一来，如果人们能证实同一人种的线粒体DNA是相同的，则说明他们来源于同一个母系。

据此，美国加州大学伯克莱分校的威尔逊遗传小组，选择了来自非洲、欧洲、中东、亚洲以及几内亚和澳大利亚土著妇

女147人，利用她们生产婴儿时的胎盘，进行不同种族婴儿胎盘的线粒体DNA研究，发现全人类线粒体DNA基本相同，差异很小，平均歧异率只有0.32%左右。因此，从逻辑上说，现代各民族居民的线粒体DNA，最终都是一个共同的女性祖先遗传下来的。那就是大约20万年前生活在非洲的一个妇女，这个妇女就是全世界现代人的祖先。

夏娃理论的提出

科学家认为，我们可以将这位幸运的女性称为夏娃，她的世系一直延续至今。这一理论也就被称为夏娃理论。

夏娃理论还认为，当时也许有几千男女同夏娃生活在一起，但其他女性都没能留下后裔，因此，她们的线粒体DNA谱系便断绝了。夏娃的后代在9万年至13万年前迁徙世界各地时，各地已有许多古人类在生息，如欧洲的尼人，中国的北京人等，但夏娃不同的线粒体DNA遗传下来，现代人就会有多种线粒体DNA。而事实上现代各种族居民的线粒体DNA却是高度一致的，这说明他们都来自同一个祖先夏娃。

亚当观点的提出

现代人的男性祖先是否便是亚当？英国剑桥大学和美国亚利桑那大学的两个研究小组都认为，世界各地的男性基因源于同一种基因。如前面所述，分析女性祖先的基因比较容易，因为线粒体DNA只通过女性遗传，而分析男性

祖先的基因则复杂得多。为此，英国和美国的研究人员均把突破口选在男性独有的Y染色体上。

美国研究人员利用计算机分析了8名现代非洲男性，两名澳大利亚男性，3名日本男性和两名欧洲男性以及4只大猩猩的基因。结果，从基因角度看世界各地的现代男性源于同一副Y染色体。通过与人类最近的近亲大猩猩比较后，美国研究人员认为，18万年前，非洲一个部落的Y染色体是现代男性Y染色体的祖先。

同样，人们也可以将这位幸运的男性称为亚当，自然也应该可以称这一观点为亚当观点。

如果这个结论是正确的，那么说明400万年前至600万年前，从猿分化出来的原始人类大都没有留下后代，只有非洲的一个部落生存下来，然后向世界各地迁徙形成了现代人。

科学家展开争论

夏娃理论提出以后，在科学界引起了强烈的反响，而亚当观点使这场争论更为激烈。

例如，美国伊利诺斯大学和密执安大学的科学家对此种看法提出了异议，他们认为，现代人的确进化自非洲的一个部落，但其进化过程并非是20万年，而至少是100万年。他们说如果夏娃之说可以成立的话，那么，世界上一切与夏娃无关的人类祖先就都已绝种了。

但从对古人类化石的分析结果看，事实并非如此，科学家们在对100万年前的古人类化石研究后发现，它们的特征与亚洲现代人极其相似，这就意味着今天的亚洲人是几百万年前亚洲祖先的后裔。争论还在热烈地进行，但是，不管争论的结果如何，亚当观点、夏娃理论都是现代分子生物学发展的产物，而不是神创论的翻版。

八卦学说始见于殷周时代的《易经》。相传，它是伏羲创造的后来用于占卜。它含有极其深奥的内涵和博大精深的哲理。从八卦图上可以看到两条鱼尾相抱而合的圆形图案，它一黑一白代表了一阳一阴。凡了解人类生理解剖学的人都会知道，人在母体中的早期胚胎极像鱼形。

这些都说明了什么呢？这是不是说明地球陆地上的一切动物，也包括人类都是由水中的鱼类进化而来呢？如果不是，为什么人类胚胎与鱼相似？并且连古代的八卦图上也用鱼形来表示呢？看来这些说法并不是空穴来风。

在线小知识

洪水神话是世界性的关于宇宙毁灭和人类再生的神话。在我国，后世所传洪水神话反映远古某个时期人类在遭到毁灭性洪水突异之后，幸存的两兄妹结婚，再生人类。这类神话与西方不谋而合。

人类的文明存在过吗

多处发现人脚印

20世纪30年代，美国贝利欧学院地质系主任保罗博士曾在肯塔基州的一处山上发现了10处40个完整的人类脚印，其中有的脚印甚至存在于距今2.5亿年前的原生代沙石海岸的石炭纪沙石中，令人甚是不解。

1968年6月1日，自称为岩石狂的赫克尔公司监察人梅斯特和妻子、两个女儿与朋友的家人到犹他州得尔塔西北约1600米的羚羊喷泉度假时，发现了一些三叶虫化石。当梅斯特将化石敲开时，不由大吃一惊，他发现岩石断面中央有一个人的脚印，在脚印中间踩着一个三叶虫。令人不解和好奇的是，这个人竟穿着凉鞋！经过测量，这个右脚凉鞋印比现代人的鞋印大得多，长有0.26米，前端宽0.09米，后跟0.08米宽，后跟深度比前端深入0.003米。

1988年8月，美国犹他大学教授、地质学家柯克承认盐湖城公立学校的一位教育学家比特先生也曾在同一地区发现过两个踩着三叶虫的凉鞋印。柯克说："这些标本是那么明确，令人无法

怀疑，这实在是对传统地质学的严重挑战。"

凡是读过达尔文进化论的人都知道，人是由哺乳类、灵长类进化而来的。在现代进化论的观念中，猿人是在100万年前开始站立起来的，可是，三叶虫却是5亿年前的低等生物，在那时，别说猿人了，就是猴子、熊等一些动物都没有产生呢，何来的人呢？

人类学家将面临着一个难题：5亿年前，究竟是一种什么样的人，在我们这个地球上迈着雄健的大步在行走呢？有人认为，这或许是我们更早人类留下的遗踪。

沃尔福斯贝格六面体

1885年11月1日，在奥地利沃尔福斯贝格，一位工人在敲打坚硬的褐煤时，从里边滚出一个闪闪发光的东西，它似一个平行六面体的金属物，体积是0.067米×0.062米×0.047米。

它两面隆起，四周环贯以深槽，形状规则。从其表面看，就像一个很古怪的鼻烟壶，它很显然是经过智能生物用双手加工过的。

后来，维也纳有一家有名望的报纸报道了此事，引起了科学家们的注意。

经过考查证实，发现此物的煤层属地球第三纪时期，而这时地球的文明远远没诞生。科学家把这个物体命名为"沃尔福斯贝

格六面体"。

煤炭里的铁铸嵌环

早在1880年，美国科罗拉多州的一个农民上山挖到一块煤炭，当他把煤块凿开时发现里边有一枚铁铸嵌环。后来据考证，这块藏有嵌环的煤块是从地下45米处挖出来的，而这个煤矿区的成煤年代距今大约有7000万年。

而科学家们一直认为，7000万年前人类还没出现呢。以上的现象说明了什么？是不是说人类在地球上早已存在几百万年了？这个一直令人类迷惑不解的谜，依然使人类迷惑着。

古文明遗迹的发现

越来越多的古文明遗迹让生物考古学家感到迷惑不解。

科学家在非洲加蓬奥克洛铀矿发现了一个20亿年前的核反应堆；在古印度遗迹中发现了佩戴服饰所含放射能是正常情况下的50倍，这两条都表明是核袭击的结果。

而人类近几十年才开始掌握核技术，那以前的核技术是谁发明和应用的呢？

在秘鲁珍藏着一块3万年前的石刻，石刻描绘一位古印第安

学者手持一个跟现代望远镜非常相似的管状物贴近眼前观测天象。而人类第一架望远镜是在17世纪中期才发明的，至今不过300年，3万年前的望远镜又是从何而来？

对于上述古代文明，许多考古学家都深感蹊跷，谜题难解。他们认为除非外星人所为，绝非近代人类或古代某一个时期的人类所能做到。

16世纪时，秘鲁的西班牙总督弗朗西斯哥·德·托列多在他的办公室中放着一块从里边露出一根0.18米长铁钉的岩石，而这块岩石是从附近一个采石场开采出来的。正因为它来历不明，而被西班牙总督所看重。

瑞典学者的看法

瑞典学者丹尼肯在其代表作《众神之车》中把这一切不可思议的谜一概归之于神，他认为是"神来到了地球，把人猿变化为人，并教会人识字，吃熟食，穿衣服，会建筑等之后，才离开地球"。并且他预言，神将在不久的将来还会重来。

许多比较严肃的科学家，并没有轻信丹尼肯的理论。因为，虽然经过长期、大量的工作至今未能发现外星人存在或来过地球的有力证据。对丹尼肯理论，目前在世界上依然是毁誉参半褒贬不一。

在发掘爱尔兰栋拉雷和恩尼斯古城堡时，发现了只有核爆炸才能留下的遗迹；在古埃及金字塔内发现那些裹着的尸体放射着粒子和光子射线。这一切都表明，在人类文明之前，早已有了其他文明社会的存在。

在线小知识

人类文明曾被毁灭过吗

地球上的文明

考古和种种难以破解的迹象表明，地球上曾有过一次人类文明，否则，许多现象将无法解释。就拿金字塔来说，它就不一定是古埃及人建造的，因为在北美、南美，甚至百慕大也发现了金字塔。有人猜测说是外星人建造的，可也没什么根据。

在南美洲发现一条离地面250米深、数千米长的隧道系统，通往隧道的秘密入口由印第安人的一个部落把守着。隧道的穴壁光洁平滑、顶部平坦。有些宽的地方，竟如喷气式客机的停机库那么大。

其中有个宽153米，长164米的大厅，里边放着一张桌子和7把椅子似的家具。家具的材料很奇特，像石头，但不像石头那样冰凉；像塑料，但又像钢一样坚硬、笨重，而且显然也不是木头。在椅子后边还有一些动物模型，如蜥蜴、大象、狮子、鳄鱼、老虎、骆驼、猴子、野牛、狼、蛇和螃蟹。

大厅里还有许多金属叶片，大多约1.1米长，0.5米宽，0.012米厚，一页一页地排列着，就像装订的书，共发现有

3000片左右，每片上都书写着符号，好像是用机器有规律地压印上去的，这些符号没有任何人能看明白。

在佛罗里达州、佐治亚州和南卡罗群岛一带海底，人们还发现了一条路面宽广平坦的街道。

在亚洲的科希斯坦山区，也有一幅洞穴画，上面描绘着1万年前各个星座的确切位置。画中还把金星和地球用线条连接起来。

在蒂亚瓦纳科发现一座巨大雕像，由独块红砂岩雕成，重2万千克。雕像的符号准确记载了2.7万年前的天体现象。

科学家的推论

在神秘的古埃及，有许多诸如金字塔和法老魔咒等人类难以解释的现象。然而这还不够，人们又在古墓里发现了长明电灯和远古彩色电视机。

在古埃及金字塔建筑群中，规模最大、最高的一座是距今有4600年，在开罗近郊吉萨建造的古王国第四王朝法老胡夫的陵墓，该金字塔内结构极为复杂和神奇，里面装饰着雕刻和绘画等艺术珍品。让人感到奇怪的是在漆

黑不见五指的墓室和通道里，这些精致的艺术作品是靠什么照明来进行雕刻和绘画的呢？

假如让我们猜想的话，在远古时代中火把或油灯一定是自然而然的照明用具了。

但是，当时如果真的是使用火把或油灯，那么，在里面一定会留下一点火把或油灯的痕迹。

经过现代科学家用世界上最先进的现代化仪器分析，得出这样一个不可思议的结果。那就是，在墓室和通道里积存4600多年之久的灰尘，经全面细致和科学化验分析，竟没有发现一丝一毫使用过火把和油灯的痕迹。

科学家们猜想，给古埃及艺术家们提供照明的根本不是火把

和油灯，而是另外某种特殊的能够发出足够光亮的电气装置和照明设备。

距今4000多年前的古埃及人难道知道现代电灯照明的原理吗？一些科学家们推论，所有的这一切都出自同一智能生物之手，这种智能生物曾经遍布世界各地，曾经主宰过世界，曾经有过高度的文明和发达的科学技术。

他们在航天、航海、天文、数学和机械等许多方面和我们今天的水平不相上下。

也就是说，地球上曾经至少出现过一次人类文明，其程度不一定低于当今。

后来，由于剧烈的地质运动，突然的气候变化，或是一场人为的战争，把当时的人类整个毁灭了，文明也随之消失，留给后世的仅是难以被自然的力量彻底毁灭的少量文明的遗迹。人类居住的地球已有50亿年的历史，远在6亿年前就出现了生命。难道只有两三百万年前人类才有条件诞生？在此之前就不可能产生智能生物吗？

书中记载的核战争

一部著名的古印度史诗《摩诃波罗多》，写成于公元前1500年，距今有3400多年了。而书中记载的史实则要比成书时间早2000年，就是说书中的事情是发生在500多年前的事了。

此书记载了居住在印度恒河上游的科拉瓦人和潘达瓦人、弗里希尼人和安哈卡人两次激烈的战争。令人不解和惊讶的是，从这两次战争的描写中看他们是在打核战争！

在现代人看来，那是原子弹爆炸后产生的威力。在原子弹还没有产生的年代，许多学者一直认为此书中的那些悲惨的描写是"带诗意的夸张"。可是到了美国在日本广岛和长崎投下两颗原子弹之后他们才恍然大悟，这些描写就似原子弹爆炸目击记一样准确。

是核爆炸的结果吗

后来考古学家在发生上述战争的恒河上游发现了众多的已成焦土的废墟。这些废墟中大块大块的岸石被黏合在一起，表面凸凹不平。

要知道，能使岩石熔化，最低需要1800度，一般的大火都达不到这个温度，只有原子弹的核爆炸才能达到。

国外物理学家弗里德里克·索迪认为："我相信人类曾有过若干次文明。人类在那时已熟悉原子能，但由于误用，使他们遭到了毁灭。"这可能吗？大部分科学家们认为这仅是一种附会，是不能令人信服的。

有人根据考古发现的20亿年前的核反应堆推断，可能20亿年前地球上存在过高级文明生物，但不幸毁灭于一场核大战或特大的自然灾害。他们认为，6500万年前恐龙的灭绝便是一个例证。

历史资料佐证

有趣的是，美国国家航空和航天局盖·福克鲁曼博士等人根据阿波罗计划所掌握的小天体撞击月球的历史资料，通过对小天体撞击地球图样的研究实验，证实了上述观点的可靠性。

研究认为，约35亿年前至45亿年前，地球上曾数度有过生命，但由于发生过几次大小行星和陨石与地面相撞。小行星以每秒约18千米的速度猛烈撞击。

除如此大规模的撞击外，还时常发生中等规模的撞击。这些撞击都可能使地热上升，海水蒸发，地表面熔化，生命消失，数亿年后生命才得以再生。只有那些生活在深海海底的生命体才能生存下来。目前在深海海底发现的生物，也许是地球整个生命的祖先。

人们的假设

假设地球上的人类发生了人口大爆炸，整个生态失去了平衡，各种资源枯竭，或是各国都在进行军事扩张，大量制造、贮备核武器，有那么一天，某个战争疯子发动战争，引爆这些核武器，地球就会成为人类的墓场。很多年后，地球再次适应人类生存时，他们也许又开始从新的原始社会、奴隶社会、封建社会……一直向进步的社会发展。

在线小知识

1844年，秘鲁人们在金属锌采石场的坚硬岩石中也发现了一块岩石中有一根0.03米长的铁钉，不过它已经生锈了。1852年12月，在英国格拉斯哥矿井中开采出来一个嵌有形状奇特铁器的大煤块。

文明始祖

    7000年前，苏美尔人创造了最早的文字和最早的城市文明；3000年前，意大利的埃特鲁斯坎人的社会繁荣就达到了高峰。但奇特的是，这些文明始祖后来竟都神奇地消失了，他们究竟去了哪里？

两河之间的苏美尔人

西亚古文明发祥地

在亚洲西部的底格里斯河和幼发拉底河之间，是一大片被这两条河流冲击而形成的肥沃平原。这就是被古希腊人称为"美索不达米亚"的西亚古文明发祥地。在希腊语中，美索不达米亚的意思是"两河之间"。

根据现有的历史研究成果表明，人类有记载的7000年的文明史，就是从这块土地开始的。考古工作者在这里发现了人类最早的文字和最早的城市文明。

苏美尔人带来的谜

最早的文字和最早的城市文明都是苏美尔人创造的，这个民族本身就是个谜。人们至今也没有搞清楚，苏美尔人是在什么时间、从什么地方进入美索不达米亚平原的。

大量资料表明，他们不是这块土地上的土著居民。他们的语言和两河流域的其他民族的语言之间没有任何关系，既不是印欧语系，也不属塞米语言。他们的外貌特征也完全有别于现代的西亚居民。据史料记载，苏美尔人的外貌特征是圆头颅、直鼻梁，不留须发。而现代西亚居民多是浓发大胡子。有关苏美尔人的这些谜，可能永远也无法搞清了，因为，他们毕竟离现在很久远了。

苏美尔人创造文明

苏美尔人在这块土地上创造了灿烂的古老文明。当然，他们是在继承和发扬了两河流域远古文明的基础上取得如此辉煌成就的。

早在公元前5500年，苏美尔人的社会中就出现了阶级分化。至公元前3000年左右，在苏美尔人生活的地方已经出现许多城市国家。他们的建筑业已经很发达，还创造了楔形文字，这是最古老的已知的人类文字。

最初，这种文字是图画文字，渐渐地，这种图画文字发展成苏美尔语的表意文字。苏美尔人把一个或几个符号组合起来，表示一个新的含义。

如用"口"表示动作"说"；用代表"眼"和"水"的符号来表示"哭"等。随着文字的推广和普及，苏美尔人干脆用一个符号表示一个声音，如"箭"和"生命"在苏美尔语中是同一个词，就用同一个符号"箭"来表示。

后来又加了一些限定性的部首符号，如人名前加一个"倒三

角形"，表示是男人的名字。这样，这种文字体系就基本完备了。

苏美尔人用削成三角形尖头的芦苇秆或骨棒、木棒当笔，在潮湿的黏土制作的泥版上写字，字形自然形成楔形，所以这种文字被称为楔形文字。

现在已经发掘出来的有上十万苏美尔文章，大多数刻在黏土板上。其中包括个人和企业信件、汇款、菜谱、百科全书式的列表、法律、赞美歌、祈祷、魔术咒语等，包括数学、天文学和医学内容的科学文章。

许多大建筑如大型雕塑上也刻有文字。楔形文字是苏美尔文明的独创，最能反映出苏美尔文明的特征。楔形文字对西亚许多民族语言文字的形成和发展产生了重要影响。

西亚的巴比伦、亚述、赫梯、叙利等国都曾对楔形文字略加改造，来作为自己的书写工具。甚至腓尼基人创制出的字母也含有楔形文字的因素。楔形文字是世界上最早的文字，可由于它极为复杂，到公元1世纪，就完全消亡了。

苏美尔人的谜

苏美尔人既然创造了高度文明，那么，它的城市和国家到底是出现在什么时候呢？

据文物考古证明，苏美尔的城市和国家是出现在公元前3000年左右，但是，在苏美尔人传喻后世的著名古代文献《苏美尔王表》中，却有这样的记载：

"早在27万年前，王权自天下降埃利都城之后，苏美尔国家

就形成了。"

这种说法听起来是太玄了！按现在的人类发展史的观点：距今5万年前，人类还没有完全进化成现代人，意识活动才刚刚起步。

27万年以前的地球上还只有猿人存在，那时怎么会有人类管理的国家出现呢？这简直就是个神话。

但是，人类发展史的观点只是在某一阶段上认识的产物，完全有这样的可能，我们现在对世界的许多看法不是完全正确的。

大量在历史研究中出现的反常现象表明，我们这个星球上，在我们这个文明阶段之前，可能曾经多次出现过发达的人类文明。

在美索不达米亚平原，外来的苏美尔人就能首先创造出文字和率先进入城市文明。这本身就是个奇迹，其中也充满着令人难以解释的东西。

苏美尔由数个独立的城市国家组成，这些城市国家之间以运河和界石分割。每个城市的中心是该城市的保护神或保护女神的庙，每个城市国家由一个主持该城市的宗教仪式的祭司或国王统治和领导。

奇特的埃特鲁斯坎人

埃特鲁斯坎人的发展

早在公元前1000年左右，埃特鲁斯坎人在意大利亚平宁半岛定居后，他们最初的活动区域是在现今意大利的北部。

公元前8世纪中叶，埃特鲁斯坎人已度过艰难困苦的创业阶段，开始进入繁荣时期。他们在意大利北部建立了伏拉特雷、塔尔奎尼、克卢苏姆等12座城市，并开始通过海外贸易与希腊以及西亚和北非的一些国家建立联系。

公元前6世纪时，埃特鲁斯坎人所在地区的社会繁荣达到了高峰。他们以意大利北部的托斯卡纳地区为中心，积极向半岛的中部和西部扩张，不仅征服了罗马城，而且占据了科西嘉岛。在这个时期内，埃特鲁斯坎人与希腊人和北非的迦太基人之间的文化、经济交往非常频繁。而希腊文明的积极影响，无疑是促进埃特鲁斯坎人社会繁荣的一个重要因素。

埃特鲁斯坎人的文字

后世的人们当然想从埃特鲁斯坎人遗留下的文字里，直接领略这个民族在繁荣期所创造的文化奇观。但遗憾的是，他们的文字仅存于一些碑文之中。可是，这些碑文经考古学家和语言学家考证，虽有一些字母与希腊字母相近，但基本语体却不属于印欧语系，并且没有其他已知的古代语言能与之进行类比，因此无人能够释读。唯一让人感到庆幸的是，从埃特鲁斯坎人遗留下的一些墓葬物中，可以窥见这个古代民族文明成就的光彩。

埃特鲁斯坎人的艺术

1831年和1836年，分别在科内托和塞尔维特里发掘的两处墓葬中，人们看到了一个可与古埃及和古希腊的奇珍异宝相媲美的艺术世界。

在大量工艺品当中，制作精美、造型奇特的彩色陶瓶最令人称绝。其颜色有红、黄、蓝、灰、褐、黑、白多种，色调凝重，配色和谐。画面线条的运用十分活泼自如，构图的整体安排也很精心讲究。

在表现的题材上更是不拘一格，从美丽端庄的女祭司、体魄强健的狩猎人、奔跑跳跃的青年男女，至各种树木、花草、飞鸟和野兽，应有尽有。这些精美的工艺品，不仅说明埃特鲁斯坎人在公元前5世纪前后已在陶瓶制作方面达到了极高水平，而且也展现出其社会生活的一些侧面。如在科内托的一个墓穴中发现的一个两耳细颈酒罐上，就以绘画形式出色地表现了一次体育盛会的情景。埃特鲁斯坎人的社会生活十分丰富。他们喜爱体育、音乐、舞蹈、习武和狩猎等，还经常举行盛宴和大规模的庆祝集会，

具有豪爽、奔放、勇猛、热情的民族性格。埃特鲁斯坎人对妇女是十分尊重的，妇女与男人在社会地位上是平等的。

埃特鲁斯坎人的衰落

埃特鲁斯坎人经历了长期的繁荣后是如何衰落的？多数史学家认为，公元前4世纪原居住在多瑙河上游地区的克尔特人侵入意大利北部，致使埃特鲁斯坎人失去了他们在意大利半岛上的领地而趋于衰落。

还有的史学家认为，埃特鲁斯坎人统治的区域范围很大，但治理不善，他们对所征

服地区居民的压迫政策导致当地民众起义，这是埃特鲁斯坎人衰落的原因。

埃特鲁斯坎人来自哪里

更让史学家们感到困惑的是埃特鲁斯坎人究竟从何处而来？这是一个多少年以来人们一直争论不休，谁也说不清楚的问题。古希腊史学家希罗多德曾在他的著作《历史》中提出，埃特鲁斯坎人来自小亚细亚的吕底亚一带。他认为，这些小亚细亚的居民因遭到大饥荒而不得不出外谋生，后经地中海到达了意大利北部的翁布利亚，并在那里定居下来。

1世纪，希腊另一位史学家狄奥尼斯奥斯提出了与希罗多德完全不同的看法。他认为埃特鲁斯坎人不是从意大利半岛以外的什么地方迁移过来的，而是在意大利半岛的本土成长和发展起来的。换句话说，埃特鲁斯坎人就是意大利最早的土著居民。

18世纪，又有一部分学者提出了第三种意见。他们认为埃特鲁斯坎人是从中欧地区向南越过阿尔卑斯山进入意大利定居的。以上这三种关于埃特鲁斯坎人来源问题的观点，时至今日也还是各有各的一批拥护者。但似乎较多的学者倾向于希罗多德的传统解释，即认为埃特鲁斯坎人来自小亚细亚半岛。埃特鲁斯坎人究竟来自哪里？没有人知道。

> 在线小知识
>
> 埃特鲁斯坎人创造出了瑰丽的文化奇观，但他们遗留下来的文字仅存于一些墓志铭的碑文中，据考证，这些文字的字母和希腊字母非常相近，但就整个文字系统而言，却不属于印欧语系。

语言丰富的巴斯克人

巴斯克人的语言

巴斯克人居住在西班牙的东北部和法国的西南部，民族自尊心极强。这个民族的人相貌自成一格，身材中等，面孔狭长，鼻子挺拔。其语言是现代欧洲唯一不属于印欧语系的语言。巴斯克语的起源至今仍叫语言学家们迷惑不解，而有关起源的种种说法中，最异想天开的莫如宣称那是上帝的语言了。

对巴斯克人的语言细加研究，便会发觉大部分语汇和任何已知的语言毫不相似。巴斯克语非常难学，外人很少能够通晓其复杂的语法。巴斯克语方言非常多，官方承认的就有8种，而次方言有25种。一村甚至一屋之遥，就有不同的语汇和方言。这种语言的复杂程度，非一般人能够破解。

专家学者的研究

19世纪以来，科学家、语言学家和考古学家提出了种种说法试图解开巴斯克之谜，却莫衷一是。最普遍的几种说法是：古代伊比利亚人或克尔特伊比利亚人，北非柏柏尔人以及苏联黑海与里海之间高加索地区各民族可能与巴斯克人有血缘关系。

因为巴斯克语与高加索地区的语言

有些相似，所以说两者有联系。19世纪初，这种说法似乎有了证据，当时考古学家在法国巴斯克人居住的地区发掘到高加索人种的颅骨。

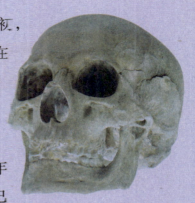

但这项可证明巴斯克人与高加索人有关的发现如同昙花一现，随即便发现存在错误。因为在19世纪60年代，法国考古学家布洛卡博士在西班牙巴斯克人居住的地区发现另一个颅骨，却是古代欧洲人种的。

发现的颅骨

布洛卡发现的颅骨，形状与现代巴斯克人的差别很大，两者之间并无密切的联系。不过，他的发现可以认为，巴斯克人是欧洲一个原有民族的后裔，那个民族可能就是伊比利亚半岛的原居民。

1936年，在乌尔提亚加洞穴里发现了两种旧石器晚期的人类颅骨。一种和布洛卡博士以前发现的相同；另一种则与现代巴斯克人的颅骨极为相似。

这是迄今最有力的证据，证明巴斯克人是这个地方旧石器时代晚期居民的后裔，也首次说明巴斯克人或许是巴斯克地区的土生人。虽然有这些证据，巴斯克人和他们的语言无疑还将不断引起人们的种种揣测。

从语言学角度看，巴斯克人是现今唯一的属于"伊比利亚人"这个范畴的民族。伊比利亚人是西班牙南部和东部史前民族之一，其语言则属于非印欧语系，有人推测其祖居地可能在北非。

在线小知识

消失的马卡人祖先

马卡人的村落

世界上许多人口的众多民族，被人们所熟知，还有部分民族因人数稀少，远离人世，所以人们知之甚少。

马卡人是美洲印第安人的一支，他们世代居住在美国华盛顿州西北角的奥吉特村。马卡人在欧洲和美洲东部移民到来以前，已经世世代代居住生息在这里了。

马卡人村落所在地比海平面高出不少，可以俯瞰广阔迷人的海滩。在离海岸约4500米的海面上有一列礁石，像一排栅栏，抵挡着太平洋海浪的冲击。马卡人在此以捕鱼为生。

2007年9月8日，华盛顿州西北海岸的马卡印第安人部落曾用鱼叉刺杀了一头北太平洋灰鲸，被当地的动物爱好者控告。这种控告可能使他们面临一年的牢狱之灾及10万美元的罚款，但两年

之内他们可能会重新获得捕杀权。

美国西雅图大学的人类学家泰德说，非印第安裔人往往把动物看成是个体，而印第安裔人则把鲸鱼或者熊或者鹰看行是更大整体中的一部分。

泰德说，他们把鲸鱼看作是鲸鱼"神灵"中的一部分，而不是鲸鱼个体。

对此，有些人很难理解，所以对于马卡人来说，捕杀一头鲸鱼，并不会有损整个鲸鱼群体。

这条信息表明，马卡人仍然生活在美国，并以自己的生活方式生存。

20世纪30年代，马卡人举村迁移到20千米外的一个村镇。马卡人虽然离开了自己的家园，但他们却始终没有忘记自己祖先的

历史，尤其是关于那场大灾难的传说。

许多年以前，天崩地裂，一座巨大的泥山从天而降，整个村庄一下子就被吞噬了，奥吉特村消失了。

事实真是这样的吗？有人认为这只是一个传奇故事，而华盛顿州立大学的人类学家多尔蒂教授却认为，它隐含着几分真实。

海滩上发现短桨

1970年冬季的一天，太平洋上的风暴掀起了罕见的巨浪。汹涌的巨浪以排山倒海之势冲向宽阔的海滩，奥吉特村旧址所在的海岸经受不住巨浪的冲击，有一部分泥土塌了下来。

不久以后，有人在海滩上发现了一支划水用的短桨。多尔蒂

教授听到消息后，凭着职业的敏感，怀疑那里就是马卡人传说中发生泥崩的地方，而那支木桨，也许是500年前马卡人划小艇出海捕鱼时使用过的。

不久，在发现木桨的地方附近，又发现了几个鱼钩、一根鱼叉杆、一个残缺的雕花箱和一顶草帽。它们之所以历经数百年而没有损毁，是由于厚厚的泥层隔绝了外界的空气。

马卡人的房舍

更令人惊奇的是，岸边泥土崩塌后，露出一小段马卡人房舍的木墙，多尔蒂和他的助手们小心翼翼地用水把数以吨计的泥土冲走。慢慢地整座房子展露了出来。

这所房子相当大，长约21米，宽约14米，内分几个单元，各有灶台和睡炕，看起来像几家人合住的。

房内的用品中有一条残破的白色毯子，上面的蓝黑图案仍然清晰可见。

马卡人的生活器物都是木制的，甚至煮食的容器都是木制的。出土的物品中，有底部烧穿的木容器、精致的木雕碗、一张渔网和一些桤木树叶。

树叶刚出土时呈绿色，暴露于空气中后，渐渐褪变为褐色。还有一个用松木雕成的鲸鳍，上面镶嵌了700多只海獭齿，颇为精致，这表明古代马卡人已具有相当高的工艺水平。

马卡人的灾难

以上这些表明，这里曾有过一片广阔繁茂的森林，哺育了附近的居民。后来，也许由于植被破坏以及森林过度砍伐，几代人

不知不觉中酿就的灾难在一个早晨突然降临。

暴风雨裹挟着泥崩掩埋了奥吉特村，现场的几具人骨，蜷曲着身子的小狗，一把未雕刻完的梳子及地上未来得及清扫的木片，都表明奥吉特村当时突然祸从天降。

睡炕上似乎没有睡人，也许灾难是发生在白天，因而有些幸运的马卡人得以死里逃生，并以代代相传的方式把当时触目惊心的一幕流传了下来。

在线小知识

印第安人是美洲土著居民的一个人种，分布于南北美洲各国，印第安人所说的语言一般总称为印第安语，或者称为美洲原住民语言。印第安人的族群及其语言的系属情况均十分复杂，至今没有公认的分类。

安达曼群岛人来自哪里

神秘的民族

在孟加拉湾东海上的安达曼群岛，居住着一个古老、奇特、与外界隔绝的神秘民族。这里的人面部阔，鼻梁直，皮肤颜色像煤炭一样黑，或呈稍带微红的茶色，头发黑短而略鬈曲。他们身材较矮小，从人种学方面来考察，关于这个民族的起源问题，学术界的看法不一，目前尚难定论。

原始社会氏族制

以血缘关系为纽带的氏族是他们社会的基本细胞。氏族成员共同居住，共同劳动。在氏族内部，除个人日常使用的工具之外，所有生产资料都为集体所有，生产和消费都建立在严格的集体原则上。全体成员的集会是最高权力机关，一切重要的事都

由氏族议事会讨论决定。以男子为中心，血统关系按父系计算。

氏族的首领由年长的男子担任受到高度尊敬。氏族成员有相互援助的义务，在同一氏族内的成员受到外族人伤害时全氏族人要帮助复仇。每人在氏族有自己的名称，有共同的宗教信仰，共同的墓地。部落之间有比较明确的领域，并且以统一的方言和宗教观念相联系，每个部落都有部落的酋长。

各氏族首领组成部落议事会，一切问题由部落议事会决定。他们往往把某种动物或植物视为自己的亲族或祖先来加以崇拜，这种崇拜就是腾图崇拜，图腾崇拜与自然崇拜相结合，就形成了把代表自然力量的神看作具有图腾形式的宗教观念。

民族的起源问题

有些学者认为，这个民族起源于史前时期，是远古内格里托人的后裔。也有人认为，这个民族起源于非洲撒哈拉沙漠以南的尼罗格人种，也就是黑色人种。

这些学者认为，这个民族与居住在非洲刚果和安哥拉密林中的俾格米人是同类人种，同属世界上最矮小的人种。但若真是俾格米人种，那么在远古时代，他们是怎样从非常遥远的非洲来到亚洲的呢？这是令考古学家和人种学家们一直迷惑不解的问题。

> 安达曼人是南亚印度少数民族集团。居住在印度安达曼群岛。分为四大民族，四个民族部落人数极少。大安达曼人原分10个部落，每个部落占有一定的区域。部落之下分为若干地方集团，由头人管辖。

埃特鲁斯坎人为何消失

神秘的埃特鲁斯坎人

埃特鲁斯坎人自称拉森人，希腊人称之为第勒尼安人，拉丁人则称之为伊特鲁里亚人。他们居住于台伯河、阿诺河流域和亚平宁山脉之间的中意大利，即拉丁文称作伊特鲁里亚的地区。

埃特鲁斯坎人是意大利半岛北部及西部埃特鲁利亚地方的民族，在公元前3世纪以前的数百年间曾盛极一时。后来，罗马崛起，埃特鲁斯坎文化也就随之湮灭了。在意大利各处发现的大批埃特鲁斯坎人墓葬，也曾挖掘到不少这个往日一度昌盛民族的工艺精品，但是，埃特鲁斯坎人在各个消失的文明中，仍然是最神秘的。

埃特鲁斯坎人统治意大利半岛大部分地区至少300年，后来才被势力渐大的罗马人赶走。埃特鲁斯坎人制造了许多精美艺术品，并且到处旅行，广开贸易，其时意大利各邻邦仍然只靠农牧为生。希腊人和罗马人都推测过埃特鲁斯坎人的来源。他们的艺术带有奇异的东方色彩，语言与地中海地区西部其他语言完全不

相似。埃特鲁斯坎人善于航海，与希腊、北非及近东均有广泛的贸易往来，所以不知是从哪个地方迁来定居的。

埃特鲁斯坎人的起源

关于埃特鲁斯坎人的起源问题，有东来说、北来说和原住民说等，一直争论不休。较有说服力的是：埃特鲁斯坎人吸收了许多外来因素并使之与本地因素结合起来，逐渐形成了埃特鲁斯坎民族。其形成时间在从青铜时代向铁器时代过渡的时期，约公元前10世纪左右。

埃特鲁斯坎人的起源自古以来就是有争论的问题。例如古希腊作家希罗多德认为，埃特鲁斯坎人起源于一支前800年前由小亚细亚侵入伊特鲁里亚，征服了当地铁器时代的原住民，建立统治势力的民族。

然而，哈利卡纳苏斯的狄奥尼修斯却认为埃特鲁斯坎人是意大利地区的原住民。这两种理论以及第三种19世纪的理论经证明都有疑问，今天的学术讨论已将其焦点从讨论埃特鲁斯坎人的起源转变为论述埃特鲁斯坎民族的形成。

无论怎样，公元前7世纪中期，一些主要的埃特鲁斯坎城镇即已建立起来。

他们在进抵北部的阿尔诺河并将全部托斯卡尼置于其统治下

之前，曾发动多次军事征服行动，最初可能是由各个城市单独进行的，并非联合行动。迫切的扩张动机是因为在这个世纪中期，希腊人不仅已控制科西嘉、西西里和意大利南部，而且定居在利古里亚海岸和法兰西南部。

罗塞达碑的奥秘

我们对古埃及社会了解的比较多，对埃特鲁斯坎人知道的比较少，原因是至今尚未发现一块埃特鲁斯坎人的罗塞达碑，也就是在19世纪以前，没有一位学者能破译古埃及的象形文字，所以觉得古埃及历史、文化高深莫测。

后来，在尼罗河罗塞达附近发现一通石碑，刻有象形文字，并且附有希腊文译文。于是，古埃及文字的奥秘就揭开了。像罗塞达碑的埃特鲁斯坎文献至今尚未发现，仅有一些载有墓主姓名、身份的墓碑之类的铭刻。

对这些铭刻，学者仅能识别其中的若干单词，而对其字体结构和语法结构所知极少。这种语言看起来与希腊文或拉丁文似乎并无关系。如果语言学家能够破译，那么从现存不太多的文字资料，加上

与其他地方语言的关系，就有可能解开自古以来言人人殊，莫衷一是的埃特鲁斯坎人来源之谜。

19世纪末，考古学家在一具木乃伊的裹布上发现一篇用埃特鲁斯坎文写的文章共216行，好像是某种宗教传单。自从德国专家鉴定木乃伊裹布上的文字确是埃特鲁斯坎文以来，有不少专家热切地探索这谜一样的文献，但至今仍未掌握埃特鲁斯坎语言的密码。

发现两块金牌

1964年，在罗马埃特鲁斯坎神庙，著名的埃特鲁斯坎研究专家，意大利的帕少蒂语教授挖掘出3块金牌，其中两块上刻有宝贵的埃特鲁斯坎文，另一块刻有古迦太基文，而古迦太基文是语言文学家已经通晓的文字。

这是不是专家们要找的文物呢？那块刻有古迦太基文的金牌，是否就是两块埃特鲁斯坎文金牌或其中一块的译文呢？

在线小知识

埃特鲁斯坎人自称拉森人，他们居住于台伯河、阿诺河流域和亚平宁山脉之间的伊特鲁里亚的地区。埃特鲁斯坎人吸收了许多外来习素并使之与本地因素结合起来，逐渐形成了一个与众不同的独特民族。

神奇的塔萨代人

古老的塔萨代人

在菲律宾棉兰老岛南部的原始密林中，高耸峻峭的天然岩洞里住着一支石器时代的遗民，即塔萨代人。他们可能是历史上古老部族中分离出来的最后一支人，世代居住在这片荆棘丛生的地区，与世隔绝，一直默默地生活到现在。

当外界发现他们时，只剩下24人了。现在，菲律宾政府已经下令：任何人不得随便进入他们住地周围的50000亩森林。

塔萨代人的生活

这些人始终过着原始的采集生活，他们没有狩猎的习惯，更不懂耕种。吃的植物是野薯芋等的根、果和花朵。能用手熟练地捕捉青蛙、小鱼等。得到食物大家均分，不足时让小孩先吃。他们都能在树干、藤条上行走如飞。

他们的工具只有简陋的挖掘棍、石斧、石刀等。他们集体穴居在岩洞中，靠钻木取火以取暖和照明。用树叶和竹筒贮存食物和水。

没有衣服，男女都用树叶围腰。没有用于计算的数字和计时的方法。工具共同使用，没有私有观念。塔萨代人的发现，成为民族学家和人类学家最感兴趣的课题。

科学界的争议

1986年，有关塔萨代人这个民族的真实性，引起了各种疑

问，因为人们对他们再次调查访问时发现，他们身着西方服装，使用诸如刀、镜以及其他各种现代商品。

因此，人们确信，有关塔萨代人的种族系属及文化背景的说法，纯系一个骗局，是由菲律宾前总统政府中的官员们编造出来的，其目的是借此耸人听闻的宣传手段，以便从塔萨代人的林地管理经营中获取利益。

根据后一种报道，塔萨代人是其附近的曼努博·布利特人或特博利人的一个支系，后者在文化上比较先进，而且曾在马可仕的民族事务助理的指使下，一度扮演过更为原始的民族角色。

然而，在较早时期人类学研究中所获得的语言学资料尽管不够完备，但可以说明塔萨代人确曾与世隔绝。不过，菲律宾政府曾经鼓励他们伪装得比他们的真实生活情况要更为原始些。

1988年，根据菲律宾一个国会调查委员会的建议，菲律宾总统宣布塔萨代人为一个真正的少数民族，但许多学者对此仍持怀疑态度，因而这一争议的任何一方曾想获致结论性证明的希望便开始趋于消失。

奇特民族

　　全世界大约有2000多个民族，其中有六七个民族占据世界人口的百分之九十，生活在相对而言比较文明的社会，其他民族则由于各种原因，散居于世界的各个角落，他们是怎样生活的？又有怎样的民风民俗呢？

吉卜赛人故乡在哪里

居无定所的吉卜赛人

在世界上众多的民族中，吉卜赛人恐怕是最为独特的了，他们从不会在任何一个地方定居下来，而是不停地流浪，并且充满了传奇色彩。

吉卜赛人的足迹几乎遍及世界各地，世界上究竟有多少吉卜赛人，恐怕谁也说不清楚。吉卜赛人为什么没有祖国？何处是他们的故土？为揭开这个世人所关心的谜，几个世纪以来，一些学者纷纷深入吉卜赛人的住地，了解他们的风俗习惯，搜集了大量材料，进行了多方面的探讨。

吉卜赛人来自哪里

由于吉卜赛人颧骨比较高，皮肤黄色，瞳孔和毛发都呈黑色，因此德国和北欧一些国家的人，都认为他们是鞑靼人或蒙古人。法国人在叫他们吉卜赛人的同时，又叫他们波希米亚人，认

为他们来自波希米亚。西班牙人除称他们为吉卜赛人、波西米亚人之外，又叫他们茨冈人或希腊人，理由是他们可能来自希腊。俄罗斯人有时也叫他们茨冈人。而吉卜赛人自己则以黑人自称。

据此，有人分析他们可能与突厥人或蒙古人有关。但各种说法中，影响深远、流传较广的，则是起源于埃及、印度这两种说法。

吉卜赛人故乡的探寻

吉卜赛一语，在英语中有从埃及来的意思。因此，说吉卜赛人的故乡在埃及，主要是英国人的意见。此说来源于一个故事。

相传在1世纪，罗马帝国的奴隶主统治阶级决定大举镇压基督教徒，于是命令一位埃及铁匠打制十字架所需的钉子。该铁匠拒不服从，结果受到惩罚，被罗马统治者赶出了埃及。一大批信仰基督教的埃及穷人也随这位铁匠离开了故土流浪他乡。

提出吉卜赛人的故乡是印度的是三位语言学家：德国的鲁迪格、格霍尔曼和英国的雅各布·布赖恩。他们通过对语言的比较研究发现，吉卜赛人方言中的许多词汇与印度梵文及印度语族的印地语非常相似，因而推断他们的祖籍在印度，他们的祖先是早

就居住在北印度的多姆人。

学者们还从社会制度、文化习俗等方面进行考察，并从考察中得知古代印度的多姆人早在4世纪时就以爱好音乐和占卜著称，他们很可能就是吉卜赛人。

多姆族在古代印度是一个分布很广、众所周知的民族。在4世纪的时候，这个民族以他们的古老文化和殊异习俗已经引起人们的注意。多姆族大多是音乐爱好者和占卜者。

关于这一点，6世纪用梵文写的一篇天文学的论文中曾提到过他们，并称其为干达尔瓦，即爱好音乐者的意思。多姆人能歌善舞，其中部分人并以此为职业来维持生计。

据英国考古学家、探险家奥列尔斯坦考证，多姆族部分人靠卖艺为生，其中佼佼者甚至得到国王的恩宠，可以出入宫闱。但这种情况是罕见的。

多数情况下，多姆人被印度其他各族人所蔑视。他们没有固定职业，除作为优伶行走江湖之外，多被人雇佣从事较低贱的职业，如更夫、清道

夫、刑场衙役、工匠等。

尽管多姆人多才多艺，并善于维持生计，但当地各民族农民看不起他们，禁止与他们通婚。

在克什米永北部的吉尔吉特地区，曾

居住着信仰伊斯兰教的多姆族集团，他们大约有300人左右。

这些人引起英国东方语言学家洛利易的注意，对他们的语言、文化、习俗及历史进行了研究，证明这些多姆人是在2世纪或3世纪时从贝尔契斯坦迁徙过去的。

洛利马发现，居住在吉尔吉特地区的多姆族，为了维持生计，适应各地生活条件，一般能说两三国语言。尽管他们所用的印度的语言中也含有许多外来语词汇，这些词汇同他们的母语却有很大差别。吉卜赛人是印度多姆人的后裔之说，虽已得到不少人的认同，但仍不是最后的结论。

在线小知识

吉卜赛人的脸形上宽下窄，下巴有点尖，长眉毛，眼睛大而长，很明亮，占据上兰脸的大部分比例，鼻梁额外长、高和直，嘴巴有点宽，表情沉着神秘有些冷漠感。是以过游荡生活为特点的一个民族。

犹太人为何进入我国

犹太人流浪的生活

从民族宗教的角度讲，犹太群体原来是居住在阿拉伯半岛上的一个游牧民族，最初被称为希伯来人，意思是"游牧的人"。

根据记载他们历史的《圣经·旧约》传说，他们的远祖亚伯拉罕原来居住在苏美尔人的乌尔帝国附近，后来迁移到迦南，即今以色列和巴勒斯坦一带。他有两个儿子，嫡幼子以撒成为犹太人祖先。根据《圣经》和《古兰经》的记载，以撒与侍女夏甲所生的庶长子以实玛利的后代就是阿拉伯人。所以在原始血缘上，犹太人和阿拉伯人很近。

犹太人的先祖长期生活在阿拉伯半岛大沙漠边缘的一些绿洲中过着游牧生活。1世纪，罗马帝国攻占巴勒斯坦后，犹太人举行过多次大规模反抗罗马占领者的起义，但都遭到了罗马统治者的血腥镇压。他们不仅在困境中顽强地繁衍生息，而且逐渐地富有了。恶劣的生活环境，迫使他们不得不到处迁移。直至公元前

13世纪，杰出领袖摩西才率领本族人返回故乡。

在这段时间里，犹太人的政治、经济、文化和宗教都得到了很大发展。可时间不长新兴罗马帝国的铁蹄踏上了这片土地，把耶路撒冷夷为平地。

至135年，犹太人起义再次惨遭失败。在这段时间里，罗马统治者屠杀了数百万犹太人，最后还把余者全部赶出巴勒斯坦土地，使他们流散到西欧。

西欧当时完全处于落后的小生产农牧社会，土地被人们视为最珍贵的财富，商业则是人们鄙视的行业。

犹太人逃往西欧后，当地封建主们非常歧视他们，不许他们占有土地，只许他们经营商业。不知是历史过错教育了他们，还是生死磨难砥砺了他们，或者说这本来就是历史赋予的机遇。总之，由这一切所构成的历史集合体，铸就了犹太人的特质，使得他们聪明起来，坚强起来。

在我国也留下了犹太人的足迹。但犹太人是什么时候踏上我国这块土地的，这是学术界一直争论不休的一个问题。归纳起来，大致有以下几种观点：

犹太人是在周朝进入我国的

据康熙二年的《重修清真寺记》中说，犹太教在周朝传入我国，其教士就住在当时的河南一带。罗马教士法国人西盎涅、本勃瑞奇、高德贝等人都接受这种说法。他们认为，在那个时代以色列旅行家旅行到我国是很有可能的。

《圣经·以赛亚书》上说的希尼，就是我国的"秦"，这个"秦"不是后来的秦朝，而是周朝的诸侯国。犹太人早期的历史和传说与我国周朝的历史和传说有不少类似的地方。

高德贝认为，《圣经·阿摩西书》中讲到早在公元前8世纪时，犹太人就开始使用丝织的东西，而那时只有我国有丝织品，这些丝织品应该是从我国输入的。

犹太人是在汉代进入我国的

古代的文献记载仅见于《正德碑》："教自汉时入居中国。"此外还有一些口头传说。

清朝耶稣会士勃洛底耶把另一会士宋君记录访问开封的信和另外两个会士所写的同性质的信件辑成《犹太人中土定居录》，书中写道："这些犹太人说他们的祖先是在汉朝明帝在位的年代进入中国的。"

这种说法流传很广，艾德金斯、米希各甫斯基等人，都认为犹太人是汉代进入我国的。诺耶说得比较具体，他说："虽然早在周朝犹太人就与中国人有了商业上的往来，但大批的以色列人入居中国，则是在汉代。"

犹太人是唐宋来华的

有出土文物支持这种观点。在唐代墓葬中出土的陶俑，有一些面貌很像闪米特人，而犹太人就属于闪米特人。

20世纪初，在新疆曾出土过两件文字残片，都是希伯来文，经鉴定是唐代文物。这些都是犹太人在唐代来华的有力证据。不过也有一些西方学者认为，在宋代以前，不会有大批犹太人进入我国。

法国汉学家沙畹认为，周代说和汉代说都是些模糊的印象之辞，真正准确的资料要到北宋时才有。

历史学家陈垣先生也认为，唐代虽有犹太人到我国来，但那是为了贸易，不过暂住一时，未必永久居住，开封的犹太人是宋朝以后才来的。

犹太人是世界上分布最广的民族，弄清他们是何时进入我国的，对于澄清许多历史问题，都是大有帮助的。但要想使这一问题真相大白，还有待于学者们继续努力。

开封犹太人在中国生存了7个世纪，留下了许多值得考察的文献。开封犹太人先后归顺了金、元、明、清4个朝代的统治，只是其间吸取了太多中国文化元素，再加上和汉族的通婚，逐渐被淡化了。

我国先民为何去美洲

我国文化在国外

我国与美洲远隔重洋，在交通不发达的古代是无法进行来往的。但是，近些年美洲的一些考古新发现，越来越多地证明我国先民很早就踏上了这块土地。

在墨西哥曾出土一种陶制人头像，完全是亚洲人的脸形，并且头上戴的是我国早期的冠帽。据考古学家鉴定，其年代大约相当于奥尔梅克文代时期，约公元前10世纪至公元前3世纪。此外，还出土了一些巨石头像，带有头盔，其面部特征也有些像蒙古人种。

在位于洪都拉斯西部边境的玛雅文化科潘遗址中，出土了一种立柱式浮雕像，其面部特征同我国人极为相像，所以有的外国

人类文明的奇特搜寻　　人类魔力揭晓

学者称之为"中国廷使"。

在美洲，还发现了一些文字。墨西哥考古学家威勒在墨西哥南部的德弟瓦坎发掘出一块玉璧，上面书写着汉字。墨西哥专家罗曼·门那鉴定后认为这是一块我国汉玉，埋在地下已超过1000年。在墨西哥西部靠近太平洋的地方还出土了一种特殊陶片，上面有23个图形。

台湾学者卫聚贤认为，这是殷纣王失败后，其遗民东渡美洲后刻下的亚字，表示其不忘故土之意。

1988年4月，考古学家克拉贝在秘鲁首都利马东郊发现了一具木乃伊，随葬品中还有两匹马，一辆马车，以及绘制精细的我国地图和秘鲁地图。木乃伊旁还有一些陶器，上面绘有印第安女子向一名东方男子顶礼膜拜的图像。

克拉贝认为："从种种迹象看，那是一名中国男子，他抵达秘鲁后可能成了当地印第安人的国王。"

他还指出，数百年后该地区出现了神奇的印加文化，这一文

化，很可能就是由这位不明身份的中国人带来的文明种子而孕育出来的。

洛杉矶怪石

1975年，美国潜水员梅尔斯特里在洛杉矶附近海里发现一块形如轮胎的怪石，重250千克。他与伙伴继续寻找，又得到了8块怪石。经过鉴定，"怪石"是5块石锚、2个石枕和1个石码。

1976年，类似的怪石发现达到30多块。这些石块从何而来？美国加利福尼亚大学印第安文化权威克莱门特·米恩认为，这种石块显然不是印第安人制造的。

美国地质学家皮尔逊和詹姆斯·莫里亚蒂经过研究指出，这类石料为砂岩，不存在于美洲太平洋沿岸。美国学者还在我国华南沿海找到了这种石料，并在我国文献里找到了2000多年前的航海记录，当时的船只习惯于用石锚。其形状和洛杉矶浅海发现的相同，可以肯定，这是我国华南地域人早先到达美洲时留下的。

他们对石锚表层的锰进行测定，厚达3毫米之多。锰在石头表面的积累是1000年1毫米，故可断定我国南方人是在3000年前到达美洲的。

古代人是用什么工具横渡太平洋的？是什么力量促使他们背井离乡前往异域的？他们和

当地的印第安文明究竟有什么关系？为什么宋、元以后就停止了对美洲的访问？

传播论者

从18世纪中叶起，国内外史学界对古代中国与美洲的交往问题进行了多次讨论。自20世纪50年代开始，这一问题又成为人类学和考古学的一个重要课题。

也就在这个时候，出现了一些认为外界影响在美洲文化形成过程中起重要作用的学者，被统称为传播论者。

传播论者认为，古代世界的发明创造是极少的，只有在特定的文化、历史、环境等因素的综合作用下，才会导致发明创造。

由于导致发明创造的各种特定因素不可能在不同的时空中重复出现，因此，不同地区所存在的相似的文化特征一定是相互传播的结果。不同文化之间的传播，会引发新的发明。

看来，从材料来看，还不能完全解决我国古代国与美洲的交往问题。即使与美洲确实存在着某种形式的交往，那也是极其偶然的。要想解决这个问题还需要更多的证据来加以证明。

1997年，美国"美洲科学发展学会"年会认为，美洲古文明在至少已有1.25万年的历史。电脑模拟显示：美洲最早的人类在大约4万年前从亚洲移来，而非原来认定的1万年至2万年间。

在线小知识

地球上的人种和部落

奇异的人种

近年来，人们发现在地球上除了生活着的黄种人、白种人和黑种人外，还生活着一些其他肤色的人。在非洲，发现一种绿色人种，他们全身的肤色像草一样翠绿，连血液也呈绿色。这个人种仅有3000余人，至今过着穴居的原始生活。

在撒哈拉沙漠，还生活着一种人数很少的蓝种人。蓝种人极力避开同其他人种接触，探险队员正在设法查清他们的生活习惯以及他们的人口数量。

阿拉伯尼但斯人更为落后，每个人都还拖着一条没有完全退化掉的猩红的尾巴。他们居住在我国西藏和印度阿萨密之间，那里有一个叫巴里柏力的辽阔区域。

奇异的部落

除无法归属的稀有人种外，地球上至今还生存着另一些归属不明的部落。譬如，在澳大利亚，还有按石器时代生活方式生活的一些为数不多的原始人。

他们身高1.83米，蓬松着头发，全身裸露。为寻求食物，他们世世代代游荡、飞奔和投掷。他们胳膊和腿都长得特别长，脚掌长而扁。

澳洲沙漠白天温度达至40度，夜晚降至0度以下。为战胜这悬殊的温差，他们就用干草树枝点燃起来，睡在燃烧的干草、柴

火之间。

在非洲刚果国伊图里热带森林里，居住着约4万姆布蒂人。这个部族的人身高1.22米至1.42米，体重不超过40千克，住房是用树枝和干香蕉叶搭成的椭圆小茅棚。

建造房子和一切家务主要由妇女承担，男人主要负责寻找食物。猎象是他们的重大事件之一，由专门的猎手担任。

他们手持半米长的弓和涂有毒药的利矛，伺机轮番向大象进攻，直至把象杀死。每杀死一头象，全村的人就像过节一样喜气洋洋。

西藏地区的朱洛巴人和康巴人属于身材矮小的人种，身高一般在1.2米左右。

以往，人们发掘欧洲猿人的骸骨，认为他们是现代欧洲人的祖先，其后发掘了亚洲猿人，也顺理成章地认为现代亚洲人是他们的后代，这种说法至1987年被美国加州大学的生化学家否定，

已经站不住脚了。

　　生化学家以基因作为立论的根据分析认为，在非洲确有两族人居住过，其中猿人一族因种种原因未能延续其后，而另一族向外迁出的则是我们的祖先。

　　由于他们不自相残杀，所以具备成为人类祖先的条件。不过，美国华盛顿大学遗传学家坦普尔曼认为，上述理论值得商酌，他认为加州生物学家的分析技术未臻完善。

在线小知识

　　科学家在智利发现了一种全身呈蓝色的人。这些蓝色人世世代代生活在海拔6000米的高山上，在这样的高山上，空气含氧量比海平面少50%他们依然能进行各种剧烈的体力劳动。

闻所未闻的民族

无名无姓的獠族

古代獠这个民族，是南蛮的一种少数民族，从汉中至邓川一带都有这个少数民族。他们的风俗是大多没有姓氏，也没有名字。凡是所生下的男女，只以长幼的次序来称呼，他们把丈夫称阿慕、阿段；把妇女叫阿夷、阿第之类。

他们高兴的时候便群聚相欢，而发怒的时候则互相残杀，即使父子兄弟，也会用刀杀之。

女人没有乳峰的女人国

在东南亚一个小岛上有个女人国，这里的人容貌长得非常端正，皮色洁白，全身无毛，头发长到落地。据说，每年1月的时候，她们竞相入水而怀孕，在六七月便生孩子。女人胸前没有乳峰，在脖子的后面生有几根毛，毛中有乳汁来哺育孩子。生下的孩子100天就能行走，过三四年就长大成人。

三条腿的怪异民族

在南太平洋群岛上居住着人人都长有三条腿的民族，这就是奥古拉达族。他们的生活方式与三条腿密不可分，他们睡洞穴吊床，帆布

吊床中有一个洞，睡觉时让多出来的一只脚伸到下面。

家中见不到椅子，他们的第三条腿可充当椅子。由于他们多了一条腿，因此游泳、跑步都很快，并且具有特殊的爬树功能。他们经常玩儿的游戏是踢椰子，运动速度非常快，两条腿忙于来回奔跑，第三条腿不断地踢着椰子果球。专家们说，这是世代承袭基因突变造成的。

听力非凡的民族

非洲马班族人能在90米外听到别人窃窃私语声。他们惊人的听力，是由于长期生活在没有噪音的环境中。另外，距离南非某地北部约3000米处，还有一个只能膝行的民族。

该民族的人因为受一种病菌侵害，骨骼畸形软化，童年或少年时就开始爬行。但不影响他们的智力发育。

为什么会出现奇奇怪怪的民族？是因为人类的进化吗？还是因为生存环境造成的？这些问题有待于进一步研究。

哑巴民族：据媒体报道，生活在南美洲玻利维亚西部丛林中的印第安人，没有一个人会说话，他们只能用手势交谈。经检查，他们的喉咙与常人不同，声带的自然压缩部分不能发声，因而不能讲话。

崇猪爱猪的民族

新几内亚人崇猪

巴布亚新几内亚是1975年独立的南太平洋国家，有300多万人口，其中60%以上至今仍过着自给自足的生活。他们中的大多数人信奉拜物教，崇拜各种动物植物。

巴布亚新几内亚人民崇猪爱猪，在当今世界上大概是首屈一指了。他们视野猪为家猪的祖先，有的部族酋长在自己鼻子上挖一个大洞，把野猪的爪尖嵌进去，既作为权威的象征，又表示对猪的崇敬；有的酋长把野猪的睾丸串起来，戴在手腕上，以表明他的信仰和显示权威；有的部族人把用木炭和猪油制作的化妆品浓抹在脸上，借以表现他具有不辱祖先的英勇。

新几内亚人爱猪

猪还是巴布亚新几内亚人走亲的聘礼。婚约一旦成立，男家就要向女家赠送猪。数目赠的多少，要看姑娘长得如何，据说漂亮的姑娘要送七八头猪。

巴布亚新几内亚实行男女分居，每个家庭有男屋和女屋，女人和孩子跟猪同住在女人屋里。夜间，人和猪顺着躺在一起，因

部族之间的冲突

有一天，在赫利的部落村庄爆发了一场冲突，起因是一名青年被控谋杀一少年。在这里谋杀案的凶手必须给被害者的亲属赔偿一定数量的猪。

当赔偿仪式的日期来临时，凶手的族人就把猪分成15群，每群15头，并且把这些猪赶到一块空地上。原来这个部落的人只能数到15。

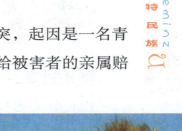

当死者的族人抵达时，气氛顿时紧张起来。手持猎枪和催泪弹的警察，在旁严密监视，并极力进行调和。

当点收猪群时，麻烦来了。死者的母亲嫌猪太瘦，双方先是争执，继而大打出手。空地变成战场，人们在泥泞的地上混战抢夺猪群。

这场冲突持续了好几天，一些旁观者包括一位议员中箭负伤。直至增援的警察部队抵达时才停止战斗。但两族之间的仇恨仍未平息，需要警察安排另一次赔偿猪的仪式。

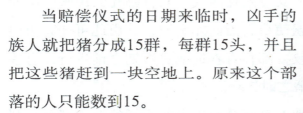

在新几内亚，人们一向信奉极端平等的原则，即使在足球训练中也不能例外。当地的学校规定，对学生进行足球训练，双方必须踢成平局，不能有优劣之分，只有在正式的比赛时才能分出胜负。

有割礼习俗的民族

割礼习俗

割礼分为男性割礼和女性割礼两种。实行割礼的民族广泛分布于世界，早期割礼普遍使用石刀而非金属刀，由此可知其历史悠久。作为一种传统礼仪，都在青春期或青春期之前进行，有些阿拉伯民族则在临近结婚之时进行。

男性割礼无论对男性本身还是他未来的妻子的健康都是有利的。女性割礼在非洲盛行，是千百年流传的极其残酷的习俗。

凡是马来人，不论男女都要施行割礼，然后他们才被承认为

真正的马来人，长大后才能涉及婚嫁。即使外国人要与马来女人结婚，也要经过同样的手术，否则便没有资格做马来人。

伊斯兰教的割礼

据传，古代先知易卜拉欣曾奉安拉之命，要求其后裔所有男子都必须履行割礼。

阿拉伯人视他们为古先知易卜拉欣的后裔，便沿袭了割礼这一礼俗。根据阿伊莎所传的一段圣训说，先知穆罕默德认为属于人类赋性的有9件大事，即剪髭须、割包皮、用牙刷、呛鼻、剪指甲、洗趾节、拔腋毛、节约用水和漱口。穆斯林便将割礼作为"圣行"而遵守。

人类文明的奇特搜寻

人类魔力揭晓

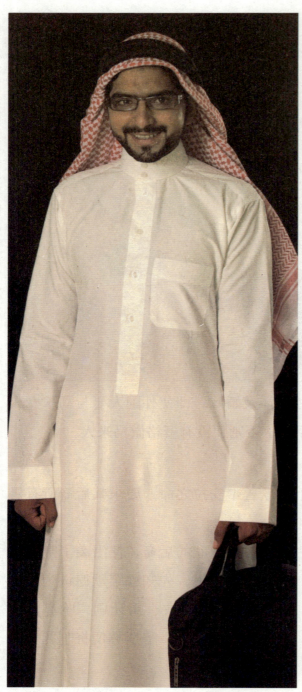

教法规定穆斯林男孩7岁至12岁时必须举行割礼。割礼没有固定仪式。

在中国，割礼时先请阿訇祈祷，然后由专人将男孩子包皮割去，现在均改作外科手术。新疆地区尤为重视。北非马格里布地区的穆斯林流行女性割礼的习俗，它是当地民族在伊斯兰传入以前固有的传统习俗，伊斯兰教法只要求对男孩进行割礼。

回族的割礼

割礼是回教徒毕生大事之一，虽然《可兰经》上并没有明文规定，必须强制执行。可是由于习惯关系，无形中成了重要的教条，割礼的男女孩子在诞生后

一个月举行，也有的刚生下来就由接生婆施行的。

男孩有的出生3天以后举行，有的在7岁至10岁之间。其方法，先由家长选择一个良辰吉日请割礼师来主持，如果是女孩，就很简单，把女孩的小阴唇割去一点，涂上少许止血药就算完成，若是男孩就大不相同。

家长都认为替儿子举行割礼，是一仵大喜事，那天要请许多亲戚朋友来参加，当天清早，那受割礼的男孩，必须到附近河里去冲凉，或者在家里浸在冷水里，直至他冷得忍耐不住发抖，才叫他起来。

走进准备好了的房间，除了家长以外，亲友都不许进来参

观。割礼师吩咐他抱住一件东西，以便痛苦时好挣扎，然后将他的包皮用刀割出少许再涂上止血药，便算割礼告成。接着来的是大摆筵席，欢宴亲友，遇到家境富裕的，还要唱歌跳舞，大唱大闹，以表庆祝。

这种风俗，对于儿童未免太残忍，现代的马来人也有很多主张废除的，但是传统上认为割礼可以保持生理上的清洁，防止手淫与减轻性欲，所以此风也难以马上改革。

割礼的方式

作为一种常规，施行割礼的机械都是在社会中随手可得的常用铁制或钢制工具，也有用手操作的。汤加人通常会徒手将包皮撕下，不过有时候也会使用竹片或蚌壳。希伯莱人的历史档案中有使用硬石块进行割礼的记载。圣经时期的犹太法律则允许使用

玻璃或除了芦杆之外的其他任何器具进行割礼。在澳大利亚中部，曾先用火杖，后用石刀完成割礼仪式。

　　在远古社会，人们会把这些包皮埋藏在土里，以防被利用来施行妖术，就像剪下的指甲一样。在非洲西海岸，人们会把包皮浸在白兰地酒中，再由割除包皮的男子喝下。

　　女子割礼传统的切割工具是铁刀或小刀片，缝合使用的是一般针线，有的地方甚至使用荆棘。用这样落后、原始的器具切割身体约敏感部位，而经常又不使用麻醉剂，肉体上的痛苦是难以言说的。

吃生肉的民族

宴会吃生肉的民族

阿比西尼亚绝大多数人是北民族，他们早期生活和埃及及地中海一带的欧洲人相近。这些亚木哈拉人生性凶猛，善于射击，是阿比西尼亚民族的主要成员。

除亚木哈拉人之外，还有两种人在国内势力也不小。其一是高额角的加拉人，另外一种是达那歧尔人。此外，在东部边境，还有从叶门移来的索马利人。西部地带也有许多黑种人，北部则有少数的法拉沙人。

由于种族复杂，阿比西尼亚人的肤色极不一致，有的像墨漆一样黑，有的则黑里带黄，有的白得和欧洲人差不多。这里的人虽然种族复杂、肤色各异，但是他们主要的食物都是生肉。

每逢皇帝或女皇赐宴的时候，全体战士都坐在大院子的地上，仆人们把血淋淋的生兽肉端来，每个客人轮流拔出刺刀来，向宫廷恭恭敬敬地鞠个躬，然后就咬住那块生肉，用刀紧贴鼻子切下一块来。在盛大的宴会上，往往需要大量的生肉供食用。

吃生肉的北极圈黄种人

生活在北极附近的土著人，即因纽特人，他们是地地道道的黄种人。因纽特人同亚洲的黄种人有所不同，他们身材矮小粗壮，眼睛细长，鼻子宽大，鼻尖向下弯曲，脸盘较宽，皮下脂肪很厚。

粗矮的身材可以抵御寒冷，而细小的眼睛可以防止极地冰雪反射的强光对眼睛的伤害。

因纽特人耐寒抗冷的另一重要原因是日常所食的都是些高蛋白、高热量的食品。

因纽特人的确吃生肉，而且他们更喜欢保存了一段时间并稍腐败的肉，因纽特传统观点认为，将肉做熟，实在是对食物的糟蹋。

因纽特人的传统食谱全是肉类，如海洋里的鱼类、海豹、海象以及鲸类，陆地上的驯鹿、麝牛、北极熊以及一些小动物。

他们为何吃生肉？真正的原因人们还不知晓。

在线小知识

在西伯利亚人吃的生鱼、生肉中，著名作家莫泊桑笔下的玛蒂尔德向往的那种粉红色鲈鱼最好吃！鲈鱼一经打捞上来，为便于短期保存，先用浓度不大的盐水腌制过后，运送到国内外销售。

北极的因纽特人

生存条件

一般认为，冰天雪地的北极是不可能有人类居住的，然而就有一个谜一样的民族生活在这里，这就是因纽特人。就生活环境的恶劣程度来说，没有任何一个民族能比得上因纽特人。在他们周围，永远是冰天雪地，一年之中，要想找到几个没有冰雪的日子，那简直比登天还难。

他们用石块和冰雪建造起半地下的房子，唯一光源是海豹油灯或鲸油灯，取暖只能靠自身的热量。

一年之中就有6个月是太阳迟迟不肯露面的昏天黑地，他们忍受着极夜的寂寞，接着便是太阳迟迟不落的漫漫白昼。

为了生存，他们不得不长途迁徙。从亚洲东北部的西伯利亚，到北美的阿拉斯加，从阿拉斯加到加拿大的北部陆地，直至格陵兰周边的岛屿和山地，都有因纽特人存在，他们把北极当成了自己的家。

对于这样一个神秘的民族，人们不禁要问，他们的祖籍在何方？他们为什么能在北极这样极其艰苦的环境中生存下来？

与中国人相似

刚一见到因纽特人，很多人都会大吃一惊，他们和我们中国人长得太像了！

如果让一个因纽特人走在中国的人群之中，谁也不会认出他是因纽特人。此外，从生产、生活、文化、风俗、宗教等方面看，他们也与我国的鄂伦春族几乎别无二致。

有人还从考古学的角度找到了因纽特人与我们有某种神秘联系的证据。从西伯利亚和阿拉斯加发现的楔形石核和细石器工具对比看，东亚和北美在石器时代确实有一个弧形的"古北区文化带"。以楔形石核为主要类型的石器，制作工艺与我国华北虎头梁、内蒙古扎费诺尔出土的石器极为相似。

有人还发现，北京山顶洞人的头颅特征与因纽特人和美洲印第安人的头颅极为相似，人们由此推断，他们之间一定有某种血缘关系。

古亚洲人的迁徙

有人分析，大约在3.5年前，古亚洲人开始向亚洲东北部迁徙。迁至北美的古亚洲人大约在阿拉斯加生活了近千年，然后开

始南迁，逐渐成为印第安人的先祖。

还有一部分古亚洲人逐渐占据了阿拉斯加的北海岸和西海岸，成为因纽特人的先祖。他们在这里学会了捕猎海洋动物，锻炼了适应冰雪和寒冷环境的能力。

大约在公元前2000年左右，因纽特人从阿拉斯加开始了两次大迁徙，进入了加拿大北部和格陵兰。

也有人认为，因纽特人的祖先来自中国北方，大约是在一万年前从亚洲渡过白令海峡到达美洲的，或者是通过冰封的海峡陆桥过去的。

他们认为，因纽特人属于东部亚洲民族，与美洲印第安人不同之处在于具有更多的亚洲人的特征。他们与亚洲同时代的人有某些相同的文化特色，例如用火、驯犬及某些特殊仪式与医疗方法，分别居住，社会以地域集团为单位。

另外，从白令海峡到阿拉斯加、加拿大北部，经格陵兰岛一带，在北极圈生活着蒙古人种的一个集团。他们在身体上，文化上都适应于北极地区的生活。其面部宽大，颧骨显著突出，眼角皱襞发达，四肢短，躯干大，而且生理上也适应寒冷。

但是，外鼻比较突出，上、下颚骨强有力地横张着，因头盖

正中线像龙骨一样突起，所以面部模样呈三角形。由于他们能克服极端的环境生活，在人类学上已引起注意。

因纽特人的来源

也有人从另外的角度来探讨因纽特人的来源问题，认为因纽特人是被美洲的印第安人从加拿大的北部湖区赶到北冰洋地区的。他们在与印第安人的冲突中被打败，便撤退到偏远的极北地区，而开始了一个新的文明。因纽特人一代又一代迁往北极圈而不肯走出来，就是因为印第安人阻止他们南下。

还有人认为，因纽特人不一定出自同一个祖源，而是由多个祖源汇集而成的。因纽特人的来源始终还是一个谜。

在线小知识

因纽特人是北极地区的土著民族。分布在从西伯利亚、阿拉斯加到格陵兰的北极圈内外。居住在格陵兰、美国等地。属蒙古人种北极类型。他们先后创制了用拉丁字母和斯拉夫字母拼写的文字。

傣族的求偶方式

傣族青年的求爱方式

傣族青年男女谈恋爱的方式很多,傣族盛行一种叫"串卜少"的活动。即未婚的小伙子在节日或集会等场合,寻找未婚姑娘谈情说爱。这种活动一般都在泼水节、赛龙船、赶摆等时节进行,男女青年载歌载舞,从傍晚开始,直至深夜结束。

还有一种方式叫"赶摆黄焖鸡"。傣族每逢节日来到的时候,傣族的年轻姑娘们便把自己家的鸡杀了,放上香茅草、姜、葱、蒜等作料煮炖。然后,盛在小盒里摆到场坝上去卖,等待自

己喜欢的小伙子来买。

如果来买鸡肉的小伙子是姑娘所不喜欢的，姑娘会加倍地要价。小伙子见此情景，就会知趣地离去。要是姑娘爱上这个小伙子，情况就大不相同了。当两人的目光相遇时，姑娘就会害羞地低下头，躲避小伙子的目光。

姑娘与小伙子的对话

这时，小伙子便会问道："妹妹！你做的鸡肉怎会这样香呀？是不是有客人预先订做的？"

姑娘便会答道："哥哥！我这盆鸡肉放的是最普通的香茅草，最普通的辣椒和盐巴，只不过是加上了我的一颗炽热的心罢了。如果哥哥不嫌弃的话，就请来品尝吧！"

小伙子如果有意，就会说："我们俩一起分吃鸡肉会有味道。"

为了避开众人的眼睛，姑娘接着说："这里人多嘴杂，干脆我们抬到林子里去吃，那里又凉爽，又安静。"

于是，两个人就端着鸡肉，搬起凳子，走进安静的林子里，相互倾吐起爱慕之情。

"吃小酒"：在男女订婚时，男方挑着酒菜去女方家请客，当客人散去后，男方又摆一桌与女方共食。"吃小酒"的第一道是热的，第二道要盐多，第三道要有甜食。表示火热、深厚和甜蜜。

奇特风俗礼节

香蕉当请帖

云南省双江县一带的傣族，从古至今沿用着一种奇特的结婚请帖，那就是香蕉。当男女双方订好结婚日期后，女方就让男方买香蕉或芭蕉。女方根据自己亲戚、朋友的人数，告诉男方购买香蕉或芭蕉的数量。

当男方拿着香蕉送来时，女方又秘密地组织一帮人在途中抢。到了女方家时，如果香蕉不足，就说明男方的诚意不够。所以，男方在送香蕉时也必须约几个精明强干的小伙子，而且送的时间、路线也是保密的。

最后，女方再将香蕉一串串地送到自己亲戚或朋友家中，接到香蕉的，到时就必须参加婚礼。

吸鼻烟当见面礼

敬鼻烟壶是我国内蒙古地区蒙古族牧民招待客人最常见的见面礼。按古老的习俗，来客如是同辈，就用右手互相交换，双方都将对方的烟壶吸一下后再互换回来。

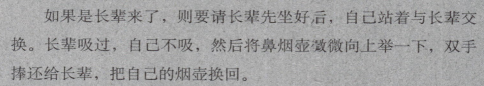

如果是长辈来了，则要请长辈先坐好后，自己站着与长辈交换。长辈吸过，自己不吸，然后将鼻烟壶敬微向上举一下，双手捧还给长辈，把自己的烟壶换回。

妇女在举壶时还要轻轻碰一下自己的前额，并慢慢弯下腰，然后双手递给长辈。

现在的礼节已经简化了，有客人到家时主人必须先拿鼻烟壶敬献，经过交换鼻烟壶后，即使是素不相识的生客，也可以自由自在地开始交谈，使来客感到亲切温暖。

吵架娱乐

在南太平洋岛国上，有一个土著民族，也就是巴布亚人，他们把夫妻吵架看作是娱乐和表示爱情的一种方式。对巴布亚人来说，夫妻吵架不但不是什么伤感情的事情，反而是一种最好的逗趣方式。

巴布亚人的祖先对夫妻间应该有所交流有着明确的认识，他们兴起这样的风俗，正是为了让夫妻间的怨愤通过吵架这种途径发泄出来，而且作为娱乐和爱情的表达方式，这样不但不会伤感情，反而会增进夫妻间的了解，也让部落

中的其他人得到教益。

因此，每个村子都专门开辟了一块大场地，取名为"夫妻吵架场"，专供夫妻们吵架和围观的人们取乐用。

吵架的夫妻们往往一吵就是好几个小时，直至双方都累了才肯停止，接着，他们就和好如初，愉快地挽起手臂回家了。

碰鼻礼

在新西兰居住的毛利人，热情好客，十分讲究礼节与礼貌。如果有客人来访，毛利人一定为来客举办专门的欢迎仪式，最让客人满意的是男女老幼都引吭高歌，兴致勃勃地拉着客人手舞足蹈。这一切过去以后，就举行毛利人传统的最高敬礼，这就是碰

鼻礼。

　　主人与客人必须鼻尖对鼻尖连碰两次或更多次数。碰鼻的次数与时间往往标志着礼遇规格的高低：相碰次数越多，时间越长，即说明礼遇越高；反之，礼遇就低。据说碰鼻礼是毛利人远古留传下来的独特见面方式。

　　我国广西都安布努瑶的笑酒，已有近千年的历史了。酒席上，男人们喝得差不多的时候，就有人先提出一件趣事。其他人有的应和，有的说出另外一件趣事，这时，大家便开怀大笑。

在线小知识

少数民族的奇俗

柬埔寨民族

柬埔寨是一个多民族的国家，在现有1000多万人口中，除占人口80%以上的高棉族外，还有20多个少数民族，仅东北部腊塔纳基里省就有12个少数民族。长期以来，这些少数民族都固守着祖先流传给他们的奇风异俗。

这些少数民族多以村庄或部落的方式世世代代生活在深山老林中，由部落首领领导过

着刀耕火种与世隔绝的生活，他们被视为柬埔寨的土著人。他们疾恶如仇，排外性极强。据传说，他们经常把从内地去的人赶到瘴气弥漫的危险地带，让他们有去无回。

20世纪50年代后，柬王国政府开始关注少数民族的生产与生活，内地人和少数民族开始有些来往解。20世纪90年代以后，柬埔寨王国政府旅游部开始制订规划，投资发展腊塔纳基里省的旅游项目。现在到腊省去经商和旅游的人越来越多，尤其是一睹那里少数民族神秘的奇异风俗。

残酷的断门牙习俗

在腊塔纳基里省，很多中老年妇女都没有门牙，这是波鲁族祖先流传下来的一种断门牙习俗。当姑娘长至15岁时，长辈们就开始考虑为她断门牙。

断牙的方法是原始而残酷的：在没有任何麻醉措施的情况下，用锯子把上门牙从中部或根部锯掉。可想而知，姑娘要忍受极大的疼痛。尽管如此，姑娘们都以顽强的毅力忍受这巨大的痛苦。她们不犹豫，不埋怨，不叫苦，因为她们认为这是祖先传给姑娘们的严格风俗，任何人都不能违抗。

为什么要把好好的门牙锯掉呢？当地人认为，没有门牙的姑娘漂亮，有门牙的姑娘丑陋，小伙子们选择对象时，第一个条件就是看姑娘有没有门牙。如果哪个姑娘拒绝断牙，就会被村里人看成是过街老鼠，人人喊打，甚至赶出村外。姑娘不断门牙，就是伤风败俗，会给全家甚至全村都带来灾难。

还有的人说，女孩子身体里藏着很多毒素，锯掉门牙就能够清除毒素。

随着少数民族与内地人交往的增多和社会的发展进步，人们的审美观念逐渐改变，目前，已经有一些波鲁族姑娘奋起反抗断

门牙的陋习。她们不再认为没有门牙美，而认为断了门牙不但失

去了青春少女的天然美，而且不能咬东西，十分不便，因此她们不再忍受锯门牙之苦，而是以自己有一口洁白整齐的牙齿而自豪。

少女必须学会吸烟

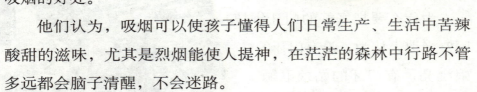

柬埔寨腊省少数民族几乎每人都有一支烟斗，而且整天放在口中。当子女长至六七岁时，父母就为他们准备好了烟斗，开始教他们吸烟，讲吸烟的好处。

他们认为，吸烟可以使孩子懂得人们日常生产、生活中苦辣酸甜的滋味，尤其是烈烟能使人提神，在茫茫的森林中行路不管多远都会脑子清醒，不会迷路。

如果这时孩子们不喜欢吸烟，父母也不太勉强，因为他们还实在太小；但到十五六岁时，就一定要强迫他们学会吸烟。特别是少女，如果不会吸烟，就被认为不漂亮；被认为是伤风败俗，像树叶上的害虫一样是一个下贱的、令人讨厌的、一辈子嫁不出去的女人，会遭到人们的唾弃和谩骂，甚至会被驱逐出村庄。因此，无论多么难受，姑娘们也要横下一条心，努力学会吸烟。

奇特的禁闭习俗

禁闭是腊塔纳基里省东奔族、加来族、波鲁族、格楞族等少数民族从祖先继承下来的重要传统风俗。每逢村里以宰牛喝酒的

形式祭祀村神之后，或村里的共同灾难被战胜、村民的苦难被解除之后，村民们都要实行禁闭，以祈求天神、地神、万物之神保佑村民平安吉祥、五谷丰登、繁荣进步。

禁闭要举行3天，如果是全村实行禁闭，就在村周围用树枝或树叶围起来，标志着这个村子正在实行禁闭。

禁闭有一些严格的规定：禁闭期间，所有村民都不得出村办事。如果是以家庭为单位禁闭，就在门前放上树枝，由户主负责不让自己的家人外出。只要看到哪家门前放有树枝，就知道这户人家正在实行禁闭。

这些民族认为，如果哪个家庭的成员或哪个村民违规出了家门或出了村，那么，他本人和全家乃至整个村庄都一定会有灾难发生。

在禁闭期间，如果有谁进村，他会被村民抓住，先关在一个地方，待到禁闭期结束后，再送到村公所，对那些破坏山民风俗习惯的人进行罚款、罚物等处理，以赔偿村民的物质和精神损失。

了解山区人民的这些奇异的民族风俗，对我们旅游者来说是非常必要的。当我们到腊塔纳基里省游览时，就会格外注意，一定要尊重当地的风俗习惯，不可贸然行事。

在线小知识

为何以焚烧幼童献祭

迦太基的童子祭

在整个地中海地区，一提起迦太基必然会使人想到最残忍的祭祀仪式：献童子祭。世界上甚至算不上仁厚的罗马人，也没有过这样的肆意杀戮，至于希腊人，知道迦太基人竟有这种野蛮行为后深感愤怒。

迦太基这座北非名城被罗马人摧毁前的约200年也有举行焚烧童男童女的祭礼。

献祭的过程

迦大基人献祭时，大约有500个儿童成为巴力的祭品，在烈火中烧成焦炭。当时在那怪异的青铜巴力像前，一大堆柴火烧得烈焰熊熊。

一个个可能先已被割断喉咙的孩童先放置在神像伸出的双手中，接着扔向火堆，这次祭礼跟以前的仪式一样，在深夜举行，祭礼进行中管乐喧闹、鼓声雷鸣。

戴上面具的舞者与迦太基有权势的祭司一齐主持祭礼，牺牲子女以供祭祖的父母，更必须站在一旁眼睁睁地观看。不准

流一滴眼泪，因为子女作为祭品献给神是一种特权，非一般父母可享，事实上这种光荣只赐给最高贵的家庭。

19世纪有一部小说叙述古代迦太基盛行以儿童献祭的宗教仪式，似乎从当地母庙发现的盛载儿童遗骸陶罐获得证实。

这一类迦太基人的宗教祭礼遗址不止一处。

以杀戮为中心的祭礼

虽然迦太基人这种献童子祭的风俗在古代并不普遍，但是用活人来献祭，也就是以敌方俘虏作为祭品则屡见不鲜。脓尼基人是迦太基人的祖先，他们在建立迦太基前已有祈求丰产的独特祭礼，希望上苍赐福、五谷丰收，子孙康宁。

这种常常以杀戮为中心的祭礼，当作精神肉体得以重生和种族绵延不绝的仙方妙法。脓尼基人认为，只要能跟他们崇信的神灵力量达成这种盟约，所流鲜血必然带来更宽裕安宁的日子。

考古所辖证据

在迦太基社会祭礼对宗教崇拜到底重要到什么程度，我们不得而知。迦太基人也许有其他方法与神沟通，只是没有这方面的资料。

根据考古所辖证据显示，祭神杀生在迦太基极为普遍，在一些显然是庙堂或祭炉遗址，有大量人类遗骸，包括婴孩牙齿出土。还有保存完好的墓碑，上面所刻图像一望即知是祭礼情景。

出土的小哺乳动物骨头也显示，在拜祭巴力和地母，就是迦太基的地母正是腓尼基人崇拜的女月神阿斯泰特等神时曾以兽肉献祭。

迦太基人的灭亡

迦太基人跟罗马人断断续续地打了100多年的仗，期间经常借祭礼求神灵庇佑，公元前201年，迦太基的军队彻底覆灭。

其后在公元前146年。受罗马大军围困两年后，迦太基发生饥荒，疾病流行，罗马军终以强大兵力破城而入。迦太基陷落后，守军走投无路之余，全体自禁于一座神庙之中，集体自焚而死。

罗马人随即将整座迦太基城烧为平地。迦太基人真的消失了吗？童子祭是否也真的消除了？还没有确切答案。

迦太基一词源于腓尼基语，意为"新的城市"，坐落于非洲北海岸的今突尼斯，与罗马隔海相望。因在3次布匿战争中均被罗马打败而灭亡。今天的迦太基的遗迹多数是罗马人在占领时期重建的。

在线小知识

古怪生灵

　　你相信吗？在地球上，还生活着这样一些生灵：他们有的长着两个脚趾，有的身长不足1米，有的长着奇异的眼睛，有的能够口喷烈火.. ...甚至还有神秘的"幽灵"、能够说话的死人，够神奇吧！

能够说话的死人

微弱的人声

1959年，知名的瑞典画家、音乐家和电影制片人弗里德里奇·于根生，带着他的录音机来到他别墅附近的一个乡村胜地，想在这里录下鸟鸣声。

后来，他发现，声音里不仅有鸟鸣声，还有微弱的人声，在用瑞典语和挪威语讨论鸟的歌唱。

于根生起初想到的是他无意中录下的某个波段，但是，再次

录音时，他听到了更多的声音，这次录的声音里有人告诉他，说是他死去的亲戚和朋友。

科学家的试验

这以后几年，于根生收集了大量的证据，于1964年发表了《宇宙之音》一书。书中充足的证据引起了著名德国心理学家汉斯·本德博士的重视，他成立了一个由著名科学家组成的小组反复试验，又对结果进行了分析。

他们发现，在不同条件和情况下，一盘曾在寂静环境中放在普通录音机里带动过的空白带，录下了人声，而且清晰可辨，显示在录音带连接的示波记录器上的脉冲非常真实，完全和正常人

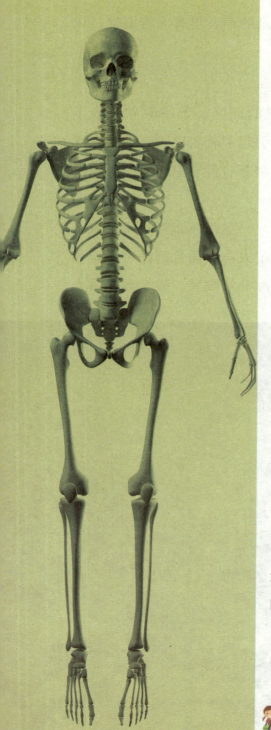

声一样。

这些声源对科学来说显然无法解释，本德博士则认为这些发现对人类的重要性甚至比核的发现更重要。

科学家的研究结果

其他科学家也渐渐被于根生的奇怪发现所吸引。如实验心理学教授科斯坦丁·劳迪维博士，他从1965年开始对神秘之音的录制试验，并取得了突出的成绩。

一个名叫科林·斯密瑟的英国出版商对博士的研究很感兴趣。他买了一盘新磁带，按劳迪维的指导去和声音接触。

但斯密瑟无法理解带子里的声音表示什么，便请彼得·班德博士来听。

班德把带子放了几遍，突然听出是个女声，说的是德语"把门打开"，而且班德听出了这是他已去世的母亲的声音！

巧的是，班德经常因关办公室的门而受责备。班德被声音吓住了，他

请来了一个不会说德语的人听，按发音把听到的写下来。

他们的笔录与他听到的完全吻合。这下，班德博士才相信这声音是真实的。

科林·斯密瑟为劳迪维的研究成果出了英文译本《突破》，吸引了世界各地的注意。

更多的科学家，包括美国牛津大学的哈维尔博士、哈佛大学的克林斯潘等对此现象深入研究后认为，这些所谓"灵魂的声音"，其实是一出典型的闹剧，没有人能证明声音来自死去的"灵魂"。

两个脚趾的驼鸟人

非洲的驼鸟人

驼鸟人这个词最早出现在非洲的传说中。据说，曾有两个旅行者在津巴布韦和博茨瓦纳交界的深山密林里亲眼看到并访问了这些两趾人。

这种人皮肤黝黑，身体结实，他们与其他民族最大的区别在于他们的脚不是5个趾头，而只有两个脚趾，并且整个脚的开头看上去像驼鸟的脚爪。

部落中的大部分两脚趾人非常地害羞，不愿和外界接触。他们生活在这稠密的灌木丛林地区，过着一种完全与世隔绝的简单游牧生活。他们在其他方面都和正常人没什么区别。

两趾人的传说

据津巴布韦官方信息报道说："根据18世纪葡萄牙对莫桑比克的殖民史记载，津巴布韦西南部的两脚趾人是从莫桑比克的宛亚人中分离出来的。"

相传，在津巴布韦西南的一个土著部落中，第一个两脚趾的婴儿诞生时，部落中人吓坏了，都以为这个孩子是被神灵降罪，为了赎罪就很快杀死了他。

之后一年，同一个母亲又生下了第二个两脚趾的孩子，他同样也逃不脱被屠杀的命运。

可是，当第三个两脚趾婴儿降生时，人们开始觉得这可能是

上天的赐予，是神灵决定让部落里的婴儿一开始就长成这个样子，所以他们终于让这个孩子活了下来。

从那时起，越来越多的两脚趾孩子出现在部落中，同族们便逐渐摆脱了不安和恐惧，认为这些两脚趾孩子和5个脚趾的孩子没什么不同了。奇怪的是并不是所有两脚趾家族的孩子都会是两脚趾人。

有的家庭一共5个孩子，头两个男孩子都长着很正常的脚趾，其他的3个孩子才是两脚趾人。

在津巴布韦和非洲南部的内陆国博茨瓦纳现在生活着大约100个两脚趾人，他们对自己怪异的肢体抱着一种平常心态，而且他们似乎并不想恢复所谓的正常。

在这些两趾人部落中，两脚趾人都是黑皮肤，他们的身体都十分健壮。

他们的脚虽然从距骨的部分就分成两部分，每一部分长成一个巨大的脚趾，然而它的坚强有力丝毫不逊于正常人的脚。

由于造成这种情况的是一种叫"龙虾脚爪综合征"的病症，就是说他们的脚和龙虾的脚爪形象十分类似，所以他们有时也被称为"龙虾民族"。

可是不管怎样，目前无论是称呼还是脚趾，都没有造成任何他们生存的障碍，他们仍然在宁静的山谷中继续繁衍生息。

我国的两趾人家族

在我国广西钟山县也发现了两趾人家族。他们的脚板比正常人短小，两趾比正常人长一倍以上，两趾缝宽并且深，拇指细长，两趾向内弯曲，呈扳钳形。

凡是两趾人的手都是畸形，并且形状各异，每只手有一指、二指、三指不等。

吴某是一个两趾人，右手有两指，左手两指。吴某所生三男一女中，大儿子和女儿是两趾，二儿子和三儿子均正常。

大儿子左手四指，右手正常，女儿则每只手只有一指。这个

家族起源于吴某的祖母。她娘家姓董，董氏出生时就只有两趾。据了解，这个家庭并没有两趾遗传史。

董氏和吴某的祖父结婚后，所生二子一女均为两趾。现已遗传到第五代，共有14人。据调查，凡与两趾人通婚的都有两趾人

后代。两趾人虽能遗传，但并不十分固定。

吴某的父亲是两趾人，其4个子女中，两个为两趾，两个正常。

这个家族中的两趾人除远行略逊于正常人外，智力和健康状况均

正常，能正常从事生产劳动。吴某的外甥是两趾人，爱好篮球，并能写一手好字。另一个外甥虽只是脚为两趾，手也是两指，但抓黄鱼、泥鳅却比正常人强。

吴某的女儿吴小妹，每只手只有一指，但却并不妨碍做针线活。为什么会出现两脚趾人呢？是基因变异引起的，还是自然的选择？相信会找到答案的。

尽管两脚趾人对自己怪异的肢体抱着一种平常心态，但还是引起了医学界的高度重视。这种病的案例在世界各地都有记录，但是唯独在非洲的这个部分，这种病变成了一种普遍的现象。

非常恐怖的大灰人

奇怪的脚步声

英国皇家学会会员、伦敦大学有机化学教授诺曼·柯里是位登山专家。多年前，他独自登上苏格兰高地凯恩果山脉的最高峰班马克律山时，发生了一件奇怪的事。

他每走几步，就会听到一声巨大的脚步声，仿佛有人在山雾中以大过他三四倍的步伐紧跟其后。

柯里教授思忖着："这怎么可能，简直荒唐。"他侧耳细听，果然又听到脚步声，他站住左右张望，由于大雾什么也看不清，四周也摸不到任何东西。

他只好迈开步子继续前进，可是，那怪异的脚步声也随之响起，柯里教授禁不住毛骨悚然，不由自主地撒开两腿，一口气跑出六七千米。自此以后，他再也不敢独自攀登班马克律山了。

柯里教授的奇遇，引出各种关于山妖"大灰人"的传说。都说会有一种奇特的力量把人引向"断魂崖"，之后身不由己地跳下去送死。

彼得·丹森的遭遇

在第二次世界大战期间，1945年5月末

116

的一个午后，空中救援人员彼得·丹森三在班马克律山山头巡逻。忽然浓雾弥漫，丹森便就地坐下休息等待浓雾散去。

忽然间他觉得身边多了一个人，但并没太在意。接着又发觉脖子有什么冰凉的东西，他认为是水气增多的缘故，披上了带帽外衣，还是不太理会。

又过了一会儿，他仍然觉得脖子上有股压力。这回他终于站起身，听见石标那边传来"嘎嘎"的脚步声，便寻声走了过去。

就在他走近石标时突然想起"大灰人"的传说，他一向认为那不过是人的凭空幻想。

此时此刻，他又感到十分有趣，毫无恐惧感。也就在这一刻，丹森发现一切都是真的，并意识到要逃下山去，可是已经晚了，他正在以一种难以置信的速度，飞快地跑向断魂崖。

虽然他极力想停下脚步，但根本做不到，就好像有人在背后推着他跑似的，他也试图改变方向，可仍然办不到……

温带·伍德的奇遇

苏格兰著名女作家温带·伍德在一个空气混浊的冬日，途经莱林赫鲁山入口的石子小径时，听到身边传来一声巨大的响声，这声音好像是冲着她来的，要和她用当地的盖尔语交谈。伍德小姐被吓得魂飞魄散，话都说不出来了。

镇静了一下后，稍有恢复的伍德小姐自我安慰地说："不要怕，那不过是野鹿嘶鸣产生的回音。"

这念头刚一闪现，那奇怪的声音又从她脚边响起来，而且，这回连她自己也可以肯定，绝不是动物的叫声，很有可能是人类

的语言！

作为一名作家，此时她既惧怕又兴奋。最终，这个女人还是坚强地恢复理智，鼓起勇气，集中思虑，到底是哪一种可能。

她兜着圈子，慢慢地向四周扩大，想看看是不是有人受了伤躺在地上呻吟。探索了半天一无所获。

这时恐惧又袭上她的心头，心中只有一个念头：赶快离开这里，越快越好。

她不由得抬起脚步往回返，只觉得身后什么东西跟着她，并且脚步声越来越急，越来越近，伍德小姐被吓得魂不附体，晕头转向，根本分不清东南西北，只是一门心思地往前跑，直至听见前面村子的犬吠声，她的那颗心才算落了地。

亚历山大·杜宁遭袭

亚历山大·杜宁先生是一位经验丰富的登山专家，又是一位自然学者和摄影家。

1943年10月，亚历山大·杜宁先生打算用10天的时间独自攀登凯恩果山。因为时间和路途较长，他并没带足干粮，只是准备了一支左轮手枪，以便打些小动物充饥。

这天下午，当他翻过班马克律山山头

时，忽然间大雾袭来，周围寒气逼人。他怕遇上暴风雨，顾不上休息，找到下山的小路，赶紧往回走。

这时，雾中传来一阵奇怪的声音，"嗵嗵嗵"，很像脚步声，从声音间隔的时间听来，步子迈得很大，这不由得让他想起柯里教授和大灰人的故事，他下意识地摸了摸口袋里的左轮枪，握紧枪托，他瞪大眼睛，寻声望去，竭力想要看清身边到底发生了什么。

没过多久，眼前出现了一个奇怪的形体，还没等他看清楚，那形影向他扑过来，显然是带有攻击意图的。杜宁毫不迟疑地，向那影子连开3枪，可是子弹似乎没起作用，影子依然向他逼近，一时没了主意的杜宁先生只剩下撒腿逃跑了。据他自己事后说："我一辈子也没跑得那么快过！"

如果大灰人仅仅是一个传说，它为什么会被现代许多著名学者、作家和登山专家的亲身经历所屡屡证实呢？这不是迷信虚幻，但苏格兰高地的大灰人仍是一个难解之谜。

莫瑞登山俱乐部的会长汤姆·克劳蒂被公认是"最坚强的登山专家"之一。1920年在登山时也见到了一个巨大的灰色身影：看上去模糊不清，两只耳朵很灵敏，长长的双腿，脚趾如手指般长而有力。

在线小知识

神奇的喷火人

少年神奇喷火

20世纪80年代，意大利总统佩尔蒂尼收到一对中年夫妇的求援信。信上说，他们有一个16岁的儿子，名叫苏比诺。他性格内向，跟别的孩子没有什么太大的不同，但他一连串的惊人表现，引起医学家和心理学家们的注意。

有一天，苏比诺到牙医那儿治牙病，在等候治疗的时候，他拿起一本杂志看起来，不料杂志竟然燃烧起来。吓得他扔下杂志就跑。他回到家里想休息一会儿，没想到床又着火了。两年来，他们带苏比诺到意大利各大医院检查，很多著名医生都无法圆满解释这一奇特现象。

有的医学研究人员认为，苏比诺的身体可能会发出一种异常强大的磁力，他是个带体内能源的人，这跟他处于微妙的发育阶段有关。还有一位教授解释说，由于苏比诺的性格内向、孤僻，而且受过挫折，所以有了一种异常的发泄方式。这种离奇的解释，太难让人信服了。

火孩儿

前苏联乌克兰加盟共和国的火孩儿萨沙有一种令人恐惧的奇能：不管他出现在谁家的房间里，室内的家具和衣物就会无缘无故的起火。

从1987年11月起，这个火孩儿已引起100多次火灾。所以，左邻右舍的人都迫使他们全家搬走。可是，无论搬到什么地方，他只要一进房间，屋内的地毯、家具和电器都会莫名其妙的瞬间起火燃烧。最后，实在没法，只得让萨沙一个人搬到祖母家里去住。可是，他所到之处依然常常引起火灾。

喷火奇人

我国澳门也有一个能喷火的奇人。他是一位姓李的印刷工人。1983年11月24日上午，他去理发，不料围在他脖子上的毛巾突然冒出一股黑烟，脖子也被烧伤了。

他对采访的记者说，他身体喷火已经不只一次了。而且每到气候干燥的时候，拉车门金属把手的时候，常会有强烈的刺痛和触电的感觉。

全世界的新闻媒介，每年都有人体喷火引起事故的报道。

有人认为，人会喷火，可能是由于这些人的体内带有强度很大的电能的原因。于是有人又问了，这种人并不经常喷火，甚至很多年都不喷一

次，这又怎么解释呢？看起来，人体为什么能喷火，还是个不解之谜。

人体自燃现象

1986年3月26日晚，美国纽约州北部的消防员接到报案，请他们去调查一起让人摸不着头脑的火灾。那个叫乔治·莫特的人上床睡觉的时候还好好的，一个原本有180磅重的人，最后被烧得只剩下3.5磅的骨头。可是，火却没把房子烧掉。

几十年来，火灾研究员们一直百思不得其解。什么样的火可以吞噬一个人，却不会烧掉他所在的房间呢？看到自己的身体燃烧起来，这个人一定会设法灭火。除非火势太猛，来不及扑救。

这不是唯一的一起人被神秘的火烧死的事件。几个世纪以来的观点一直认为吞噬这些人的火焰来自他们自己身体里面。支持者把这称为"人体自燃"。 拉里·阿诺德撰写的《燃烧》一书，讲的就是人体自燃。反对的人则认为，人体自燃纯属无稽之谈。

在极少数事件里，有目击证人，而且自燃者在燃烧之后活了下来。2002年元旦，在比利时布鲁塞尔北面，阿黛儿·瓦达克正和家人一起从海滩拣了一些贝壳后，开车回家。突然发现自己的

大腿冒出火焰，她从腰部到膝盖被严重烧伤，医生无法查明起火的原因。

难解的自燃谜团

人们发现，在人体自燃的时候，往往周围的易燃物却完好无损。按照一般常识，将人体化为灰烬需要相当高的温度，绝对足以点燃周围的易燃物，可事实上却并非如此，这实在让人难以理解。人体为什么会出现自燃现象呢？有些科学家认为，人体自燃与体内过量的可燃性脂肪有关。如果体内积累过多可燃性脂肪，到一定时间，就会自发燃烧起来。

有些科学家认为，人体内可能存在着一种比原子还小的"燃粒子"。当燃粒子积累到一定数量时，有可能引起自燃。

有些科学家认为，人体自燃可能是由于体内磷积累过多，形成一种"发光的火焰"。到了一定时候，火焰就转变成燃烧的大火，从而把人烧成灰烬。

有些科学家认为，人体内存在某种天然的"电流体"。这种"电流体"到了某种条件具备时，可能造成体内可燃性物质的燃烧。但是，这些观点还缺少令人信服的实验证据。因此，人体自燃现象仍是一个待解之谜。

英国曼彻斯特城的普琳夫人，已有3个孩子。这位41岁的中年妇女接触任何东西，都会有电光和响声。当她熨衣服时，电熨斗会发出爆裂声。她曾把家中的温水养鱼缸中的鱼电死了9条。

在线小知识

深谷中的女人国

历史上的女人国

据《旧唐书》中记载：东女国，西羌之别称，以西海中复有女人国，故称东女焉。俗以女为王。东与茂州、党项接，东南与雅州接，界隔罗女蛮及百狼夷。其境东西9日行，南北22行。有大小80余城。

据史书记载，东女国建筑都是碉楼，女王住在9层的碉楼上，一般老百姓住四五层的碉楼。女王穿的是青布毛领的绸缎长裙，裙摆拖地，贴上金花。东女人国最大的特点是重妇女、轻男人，国王和官吏都是女人，男人不能在朝廷做官，只能在外面服兵役。宫中女王的旨意，通过女官传达到外面。

东女人国设有女王和副女王，在族群内部推举有才能的人担当。女王去世后，由副女王继位。一般家庭中也是以女性为主导，不存在夫妻关系，家庭中以母亲为尊，掌管家庭财产的分配，主导一切家中事务。

消失的东女国

《旧唐书》关于东女国的记载是十分详细的，但是到了唐代以后，史书关于东女人国的记载几乎就中断了。难道东女人国的出现只是昙花一现吗？有专家认为，唐玄宗时期唐朝和土蕃关系较好，土蕃从雅鲁藏布江东扩至大渡河一带。

可是，到了唐代中期的时候，唐朝和土蕃变得紧张，打了100多年仗。唐朝逐步招降一部分土蕃统治区的少数民族到内地，当时唐朝把8个少数民族部落从岷山峡谷迁移至大渡河边定居，这8个部落里面就有东女人国的女王所率领的部落。

至唐晚期，土蕃势力逐渐强大，多次入侵到大渡河东边，唐

朝组织兵力反击，在犬牙交错的战争中，东女人国的这些遗留部落，为了自保就采取两面讨好的态度。

后来，唐逐渐衰落直至分裂，土蕃也渐渐灭亡。至后来的宋元明三代，对青藏高原地区的统治很薄弱，因此基本没有史料记载，直至清代才把土司制度健全。

保留至今天的东女人国的习俗

东女人国的遗留部落有些由于靠近交通枢钮，受到外来文化的影响，女王死后没有保留传统习俗，逐渐演变成父系社会，而有一些部落依旧生活在深山峡谷，保留了母系社会的痕迹。

随着社会进程的发展，这个地区至今仍旧保留着母系社会的痕迹，是适应当地生产环境的需要，这个地区处于高山峡谷之中，生产条件差，土地、物产稀少。如果实行一夫一妻制，儿子娶妻结婚后要分家，重新建立一个小家庭，以当地的经济能力根本无法承受，生产资料分配不过来。而且地处封闭的深山峡谷和外界交流几乎隔绝，不容易受到其他文化的影响。

北京师范大学文学院民俗学专家万建忠教授也认为，一定的生产力，有一定的社会制度与之相配，在这种生产能力比较落后，相对封闭的地方，劳动强度不大，居民自给自足，男性的优势得不到充分的显示，女性掌握着经济大权和话语权。另外还有一种深层的社会心理因素，保持母系氏族制度，表明了人们对过去的社会形态和社会结构的一种追念。

女人国现状

根据有关专家的考察，历史上的东女国就处在今天川、滇、藏交汇的雅砻江和大渡河的支流大、小金川一带，也是现在有名的女性文化带。而扎坝极有可能是东女国残会部落之一，至今保留着很多东女国母系社会的特点。

扎坝过去是一个区，现在有7个乡，5个乡在道孚县境内，2个乡在雅江县境内，一共生活着将近1万人。

专家在扎坝调查时发现，女性是家庭的中心，掌管财产的分配和其他家庭事务，与东女国"以女为王"相似，有的家庭有30

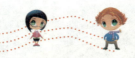
多个人，大家都不结婚，男性是家中的舅舅，女性是家中的母亲，最高的老母亲主宰家中的一切。

这很明显是母系社会的残余，经过现代社会的冲击，已经和原始的母系社会不完全一样，只是保留了一些基本特点。扎坝人依然实行走婚，通过男女的集会，男方如果看上了女方，就从女方身上抢来一样东西，比如手帕、坠子等，如果女方不要回信物，就表示同意了。

到了晚上，女方会在窗户边点一盏灯，等待男方出现。扎坝人住的都是碉楼，大概有10多米高，小伙子必须用手指头插在石头缝中，一步一步爬上碉楼。

此外，房间的窗户都非常小，中间还竖着一根横梁，小伙子就算爬上了碉楼也要侧着身子才能钻进去，就好像表演杂技一

样，这个过程要求体力好，身体灵活，这其实也是一个优胜劣汰的选择。

第二天鸡叫的时候，小伙子就会离开，从此两人互相没有任何关系。男方可以天天来，也可以几个月来一次，也可以从此就不来了。

女方生小孩后，男方一般都不去认养，也不用负任何责任，小孩由女方的家庭抚养。但奇怪的是，当地的小孩一般都知道自己的父亲是谁。

在线小知识

北欧的小国冰岛。这里虽然有男性居氏，但其地位甚微，而女权高涨，连总统宝座也由女性占领了。女性的平均寿命也为世界之冠，长达80.2岁。

与世隔绝的米纳罗人

现在的原始社会部落

在喜马拉雅山南部克什米尔的赞斯卡谷地，至今仍生息着一个属于印欧人种的土著民族米纳罗人的部落。由于当地山高谷深，交通极其不便，几乎与世隔绝，至今这个部落依旧保持着原始社会的形态。

米纳罗人是世界上所剩不多的，至今仍保持着原始社会生活状态的民族之一。

从人种上来说，他们属于印欧白色人种。米纳罗人的眼睛有

蓝色的，还有黄色、棕色和绿色的，鼻梁都很高，皮肤白皙。而大多数的亚洲民族人种都是黑眼珠，黄皮肤，米纳罗人与亚洲人种存在着十分明显的差异。

就民族种类来说，米纳罗人是欧洲土著民族，他们的语言特征也和印欧语系相当接近，这从他们可以分辨记录下来的单字进行分析和论证。

事实证明，他们确实是印欧人种的后裔。

米纳罗人的生活状况

被称为"世界屋脊"的喜马拉雅山脉是构造复杂的褶皱山脉，喜马拉雅山南部的地势非常陡峭，有的山峰甚至高出河流平原6000多米，就像一道天然屏障。地形如此的险恶复杂，再加上

没有交通工具，里面的人出不来，外面的人进不去，生活在赞斯卡谷地的米纳罗人自然成了一个与世隔绝的民族。

人类文明发展到今天，他们依旧保持在原始社会的生活状态，也就不足为奇了。

米纳罗人生活在母系氏族时期，实行一妻多夫制，女性在家里掌有绝对的权利。狩猎是他们最主要的生产活动，所获的猎物是维持他们生命和赖以生存的食物。

他们也会种植葡萄，并会酿制一种口味不错的葡萄酒；同时，米纳罗人还饲养一些牲畜，并和牲畜共处一室。由于生活条

件的限制，米纳罗人的卫生条件很受局限，女性在分娩的时候死亡率很高。

米纳罗人会在石头上画画，在山顶上建造石桌和石棚，用来判断季节的更替和循环；山崖下同样建有石桌和石棚，主要是用来祭祀的。这些习俗和欧洲新石器时代的民族风格十分相似，甚至连墓葬也保持着欧洲原始社会的风格。

米纳罗人之谜

米纳罗人是迄今为止发现的唯一出于原始社会的印欧语系民族，他们夏天露宿屋顶，冬天住在地窖。他们对自己民族的历史记忆深刻，并对先人的生活状态描绘得栩栩如生。

有学者认为，米纳罗人很有可能是失踪的以色列部落；还有人认为，他们是希腊军团的后裔。但是，与欧洲原始部落生活和语言都一致的米纳罗人是如何在喜马拉雅山安居下来的呢？这至今仍是一个无法破解的谜团。

在线小知识

米纳罗人像欧洲的史前居民一样，在山顶上建起用于判断季节的石桌、石棚，在山崖下建起祭神用的石桌、石棚；他们的墓葬也保持着欧洲原始时代的样式，土葬的尸体成蜷缩状，双臂弯曲，两手托腮。

真的有巨人族吗

巨人的传说

世界上是否真的有巨人族，是现在人们普遍关心的问题，也成为比较热门的话题。巨人的传说，在许多神话中都存在过，例如希腊、印度等古老的神话故事里就有。甚至一些古历史学家在著作中也提到过巨人的存在，这就不能不让人认真地思考巨人是否曾这个世界上存在过。

在历史学家西罗多德的《波斯战史》中，记载了发现身长2.5米的人体骨骼的事情，而这件事距今约为2400年。巨人的身高与我们今天的最高者也差不了多少，因此，一些古人类学家从已经绝迹的直立猿人和大型猿人的考察角度提出，巨人族在地球某一特殊地区还可能存在。

巨人族的证明

有迹象表明在100万年以前，巨人族确实存在过。1966年，印度生物学家在离德里116千米的地方，发现了酷似人类骨骼的骨头，其身长竟有4米，肋骨就长达1米。对这些骨头所作的科学鉴定证实，这是100万年前的大型猿人骨骼。

看来似乎从100万年前至距今数千年前的这段时间里，巨人族是一直存在着的。美国内华达州垂发镇西南35千米处，有一个叫做垂发洞的山洞。

据在这里生活的源龙特族印第安人的传说，很久以前，他们

曾受到一些红发巨人的威胁。这些巨人高大，十分凶悍。他们战斗了多年，才把巨人赶走。

这些传说一开始并没有引起人们注意。1911年，一些矿工来到垂发洞挖掘鸟粪之后，竟发现了一具巨大的木乃伊，身高达2.2米，头发红色。

巨人存在吗

多年前，巴西一位科学家奥兰多在圭亚那高原原始森林中探险时，意外发现6群平均身高2.5米左右的巨人族。19世纪末，一位学者在马来半岛探险，听说当地有巨人便深入到半岛腹地考

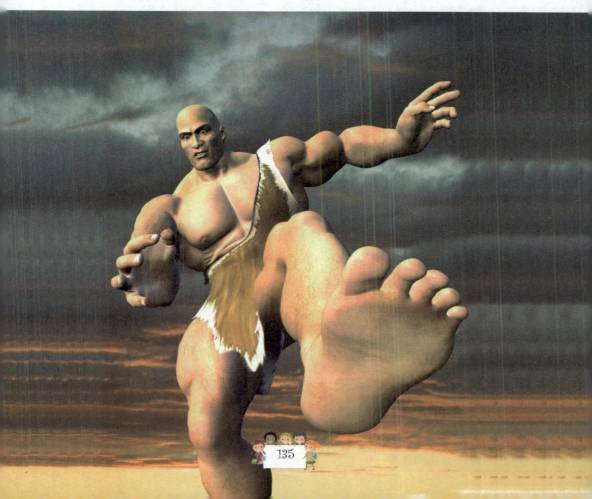

察。虽然没有亲眼见到巨人，但看到了据说是巨人们使用过的棍棒，这些棍棒几个普通人也拿不动。

也有人反对巨人存在的说法。在爪洼、非洲东部和南部、中国南部等地发掘出土的许多直立猿人和大型猿人的遗骨，并不被看成是人类，考古学家只把他们划入类人猿的一种，而不是人类的直系祖先。

苏联一位学者雅基莫夫博士根据这些类人猿骨骼的大小，推算出他们的体重在500千克以上，由于头盖骨和大脑的生长跟不上躯体的发展就逐渐停止进化，没有进化为人类。

巨人生活的巨人岛

在遥远的西印度群岛中，有个岛在浩瀚的加勒比海上，叫作"马提尼克岛"。岛上有一种很奇怪的现象：当地的居民一个个身材高大，而到这个岛上定居的外地人，哪怕是已经不再长高的

　　成年人，也都会无例外的再长高几厘米。而且不仅是人，连岛上的动物、植物和昆虫的体积也相当大。特别是这个岛的老鼠竟长得像猫一样大。

　　有一个记者在游览了这个岛之后写道：来到这里，就仿佛进入了童话中的巨人世界，男的身高两米多，这里10多岁的男孩比岛外的普通的成年人还要高很多。

　　在他们的眼中，我们好像是从小人国来的。用惊奇的眼光向下围着我看，就好像我是一个玩物。这个小岛上为什么会有这样奇怪的现象？

　　因为这种现象，巨人岛之谜吸引许多的科学家不远万里来到该岛进行长期的考察和勘测，并且提出了许多假说和猜测。

　　有人认为，可能有一只飞碟或是其他天外来物坠落在这个岛上，从而使该岛产生一种不明的辐射光能让生物迅速增长。

有一些科学家认为，这个海岛上一定埋藏着很多的放射性矿物。而这种放射性物质能够使人的内部机能发生某种特别的变化，因而导致人体增高。

还有一些科学家发表了新的观点：认为这里地心引力很小才使人的身体长高。原因是苏联的两名宇航员在飞船脱离轨道后在它的复合体中困留了长达半年，最后获救后每人的身高都增加了3厘米，就是因为失重和引力减少的作用。

可是这几种理论都不能让人信服。因为没有确切的资料证明有不明物体落在这个岛屿上，就算是有也无法证明就和让人长高有关。如果因为放射性物质的作用会使人长高，为什么长年生活和工

作在放射性物质旁的人不会长高。如果引力小就会使人长高，为什么地球上别的引力也很小的地方却没有形成第二个巨人国？

对于巨人岛，科学界也不能给出一种很合理的解释，至今也没破解这个谜，或许这只是自然和地理搞的鬼，不过是谁也无法说得清楚的。

在线小知识

1912年，美国一个牧场工人去内华达州的荒凉洞穴挖掘蝙蝠粪当肥料，当他们挖至3米至4米时发现了奇特工艺品，并发现了红发巨人的木乃伊。这些巨人约两多米高，有长至肩膀的红色长发。

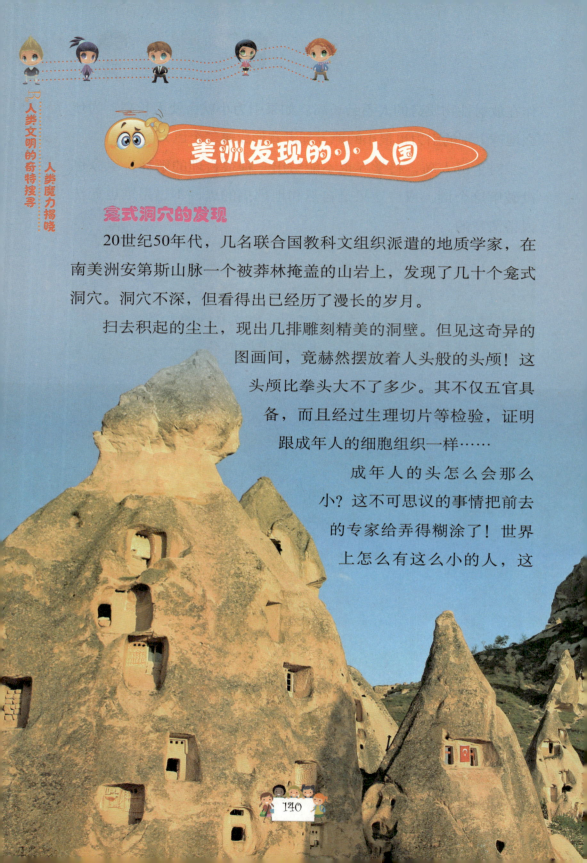

美洲发现的小人国

龛式洞穴的发现

20世纪50年代，几名联合国教科文组织派遣的地质学家，在南美洲安第斯山脉一个被莽林掩盖的山岩上，发现了几十个龛式洞穴。洞穴不深，但看得出已经历了漫长的岁月。

扫去积起的尘土，现出几排雕刻精美的洞壁。但见这奇异的图画间，竟赫然摆放着人头般的头颅！这头颅比拳头大不了多少。其不仅五官具备，而且经过生理切片等检验，证明跟成年人的细胞组织一样……

成年人的头怎么会那么小？这不可思议的事情把前去的专家给弄得糊涂了！世界上怎么有这么小的人，这

头颅属于哪个民族？龛又是谁建的？

高不及膝的小人妖

更令人吃惊的是世界上还有高不及膝的小人妖。如早在1934年冬天，美国报刊曾报道过一件惊人的事件。

阿拉斯加州的两个职员，假日到洛基山脉的彼得罗山去采挖金矿。他们在陡峭的含金岩上拉响一个爆破筒，一时间飞沙走石、尘土漫天。待尘烟过去，炸开的岩壁上却蓦地露出一个高宽不过一米的窑洞，洞口搭着几根立柱，仿佛是探矿的坑道。洞内漆黑如墨，他俩赶紧打着手电往里探视。

这一看非同小可，把这两个美国人吓得目瞪口呆。原来洞里竟有一个高不及膝的小人端坐在石凳上，正睁着一双可怕的大眼紧盯着他们。他俩掉头就跑，以为碰到了印第安传说中的"巨眼小魔王"！可是，这只小怪物却并不想追他们。他俩跑了一段距离后定了定神，壮着胆子再进洞中，这才看清了那不过是一具干尸。

然而，人有这般矮小的么？会不会是洛基山脉的一个新人种？还是几千年甚至上万年前的古人类？他们感

到一阵莫名的兴奋与激动，用一块大手帕小心翼翼地把这干萎了的小人包起来，连夜下山，报告当地政府。

政府工作人员也极感惊奇，立刻把这似人似妖的怪物送到卡斯珀市医院去鉴定。医生们一打开手帕也吓呆了，一个护士甚至当场晕了过去。

后来，经过X光透视以及多项化验，当地政府公布了这个惊人的结果：此小人身高0.48米，皮肤铜黄色，脊椎骨和四肢骨骼与人类的结构一致。

左锁骨有明显重伤痕迹，身上还留存不少伤痕。牙齿整齐，犬齿尖长，可能习惯于掠食生肉。前额很低，头盖和鼻子也很扁，而眼睛却比人类的大。

从整个体形及发育程度来看，这是个60多岁的男性成年人！

此事一传出，有关人妖的故事便有了新的传闻。

原来在此之前，卡斯珀市的一个律师、一个买卖旧汽车的商人、一个矫形学专家和一个墨西哥牧羊人都曾有过小人国的惊人发现。可惜大都失落了。只有矫形专家理查德珍藏的一个人妖头颅，在他去世后，他女儿把它赠送给怀俄明州立大学作为研究之用，至今得以妥善保存。

其实，这些年来，科学家们沿着洛基山脉和安第斯山脉作了大量的考察，都证实了这个木乃伊小人国的存在。

学者们的疑问

令人百思不解的是，既然小人国幅员辽阔，纵跨南北美两大洲的崇山峻岭，总应该有过极其繁荣鼎盛的时期吧！

可是，他们是怎样建成这个辽阔国家的呢？为什么没有留下一点灿烂文化的痕迹？他们是什么时候绝灭的？假如还有生存在世的，又藏到哪儿去了呢？

关于小人国的传闻

学者们为此访问过住在这一带山区的印第安老人。很多部落都留下了小人国的种种传闻，索松尼族的印第安人还称小人为"尼米里加"，即吃人肉者。这些小人强悍不羁，背负整只鹿或山羊飞跑上山，如履平地。而且箭法尤其了得，喜欢在奔跑中发射冷箭，百发百中。

他们常常带着用山羊角刨制成的弓，背着成筐剧毒的小箭，藏在草丛、石隙、洞口、树上，出其不意地伏击比他们高4倍至10倍以上的印第安人和猛兽。

一次，有300多个西奥兹族的牧民，骑马放羊时不小心闯进了小人国的领地，被小魔王们用毒箭围攻袭击，杀得人喊马嘶，

甚至无一生还。

阿拉巴霍族人与吃人小妖之战也总是败得那样惨，不但从未杀死或活捉过一个身长盈尺的小家伙，而且自己的种族却要濒于绝灭了。后来，洛基山峰火山爆发，小人国从地球上消失了。

小人国是否存在

更多的科学家却认为，小人国是不存在的，各地发现的干尸小人是一种人头缩制术造成的。

西方有个叫弗格留申的医学教授，曾冒着生命危险几度深入南美密林，这才初步弄清了一些真相，小头颅不过是印第安希巴洛斯族特有医药缩头术的结果。

原来，这个民族盛行一种奇特的殡葬仪式，族里人死了，祭师就把首级割下，用一种名叫"特山德沙"的神奇草药制剂来泡浸，即可把头颅缩制成拳头大小，组织经久不败。而有地位的酋长、元老死了，则全躯处理以供奉祀。小人国的存在之谜还没有解开。

在线小知识

据民间传说，在安第斯山上曾有过一个神秘的小人国。他们的身材很矮小，一般都在一米以下，但却健壮剽悍、凶猛好斗。他们有一些非凡的本领，如在悬岩峭壁上攀缘树木，本领胜过猩猩。

恐龙蛋中的人类胎儿

人起源于恐龙的假说

关于"人起源于猿猴"的说法很早就引起许多科学家们的质疑。因此，我们向人类学家提出另一个更伤脑筋的问题是：

人到底起源于什么？然而，前不久，澳大利亚人类学家破天荒地提出轰动世界的新论，即人起源于恐龙！假如达尔文今天还健在，当他得知这一消息后定会目瞪口呆。

要知道，达尔文关于"物种是通过自然选择而发展的"全部理论都已见鬼去了。然而，关于"人起源于恐龙"的这一新假说的创立者们认为，他们掌握有充分说服力的证据证实这一新假说的成立。

野生考察发现恐龙蛋

1994年秋，由伊尔温·雷姆兹教授率领的澳大利亚古生物学考察队，开赴欧洲，对比利中斯山北麓支脉进行了考察。

考察队的科学家们在几条河谷中，丰厚的土壤冲积层一面，意外地发现了恐龙、翼龙及其他侏罗纪古生物代表的遗迹。

这次考察，人类学家不仅获得了

保存完好的动物骨骼，而且还发现一只裨奇莫测的恐龙蛋。乍看上去它跟普通恐龙蛋一样，没什么奇特之处，但就其形状而言，对科学家们来说却非同寻常。

伊尔温·雷姆兹博士对这一奇特的恐龙蛋进行仔细观察后认为，这是一只极罕见的恐龙蛋，它与其他恐龙蛋有很大的差别，其独特之处在于，比其他恐龙蛋稍小，蛋壳较薄而且孔隙较多，用手触摸有不可思议的温热感。

考察队员一致认为，这一重大发现不同寻常，它可能成为最终揭开人与恐龙之间微妙关系的关键。于是，他们将这只恐龙蛋立刻运回澳大利亚进行研究。

实验发现蛋中儿

科学家们对这一恐龙蛋进行了为期两周的实验、观察和全面研究，其结果震惊世界。最初，研究人员借助普通化学方法对恐龙蛋进行检测和研究，但对其内部实质未能得出结论。

后来，当他们对其改用激光 X 射线断层摄影法进行观察和研究时，在计算机控制的显示屏幕上，终于展示出这只恐龙蛋内部的微观世界。

原来，恐龙蛋中躺着一个几乎定形的人的胎儿，他的年龄已有5岁至6岁，甚至还能清楚地分辨出胎儿的性别，即男孩。胎儿头部的毛细血管看得更加清楚，还微睁着双眼，但尚无任何迹象表明恐龙蛋中的胎儿还活着。

科学家们认为，这不足为怪，因为这只恐龙蛋已在地下沉睡了不知多久，很难保全里面的胎儿存活下来。不过，科学家们正

在竭尽全力挽救他的生命，以期揭开人与恐龙关系的奥秘。

他们已将这只恐龙蛋放进一个专门的高压氧气舱中进行保胎，期生里面的胎儿能早日复活降生人世。

救活蛋中儿期盼降世

真是功夫不负有心人，科学家们对恐龙蛋中的胎儿进行了精心护理和抢救，胎儿终于绽出复活的曙光：10天后奇迹出现了。蛋中儿开始微动，出现呼吸……他终于复活了！后来，胎儿的手和脚也开始动弹了，脑部血管也渐渐跳动起来，身上的肌肉出现抽动……

专家们认为，孕育着胎儿的恐龙蛋所处的生化环境已发生变化，因此，许多外部因素并非都有利于胎儿的发育。

卵生婴儿

一支探险队在印度尼西亚婆罗洲的一处原始森林中，发现一件可能令人类进化史改写的怪事。一个残存的史前人类部落被发现，该部落的婴儿全部由卵生后而孵化出来，也就是卵生人。

探险队领队、德国人类学家劳·沃费兹博士及其他10名队员，为了研究这个当代仅存的原始部落的生活，深入到印度尼西亚婆罗洲的热带雨林中。

他们来到这里后，惊奇地发现，在一处山脊上生长的原始大树上，住着一群原

始土著人，这些土著人身高约1.2米，赤身裸体，以大蚯蚓为主要的食物。他们一接触，很快就亲近融洽起来。于是，这伙原始土著人将探险队领到他们的"树上之家"，这是一个建筑在几棵大树上的巨大平台，只见30多个女土著人，正坐在一枚枚白色的大蛋上进行孵化作业。其中，有一个婴儿开始破壳而出。

探险队员经过很长一段时间观察后发现，原来，女土著人怀孕6个月后，便会产下一枚大蛋来，接着再进行三个月的孵化期，9个月完成卵生人的整个孕育过程。卵生婴儿出壳后，跟我们正常的胎生婴儿一样，母亲便开始用乳汁哺育她们的婴儿。

在线小知识

2009年7月15日左右，在我国江西省高安市祥符镇莲花村委会豪花村民小组，一村民在自家建房地，开挖水塘时发现了7枚蛋化石：经市文物部门挖掘和省文物专家鉴定，证实皆为恐龙蛋化石。

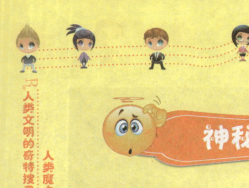

神秘的"幽灵"

教堂里的神秘身影

科里斯·布莱克雷在1982年拍摄的照片。初看这张照片，伦敦的圣·博多夫教堂毫无异常。但是，如果仔细观察，你就会发现右侧楼台上有个奇怪的身影。

难道这是一个幽灵吗？或者只是他弄虚作假的合成照片？

尽管作者科里斯多次发誓没有对照片做过手脚，但是事实上对同一幅胶片进行多次曝光，就有可能把两个完全无关的影像叠合在一

起。这种做法就可以制造出照片上的效果，让人觉得确实有飘浮的幻影出现在教堂里。

调皮鬼事件

在伦敦北部的埃菲尔德区，哈珀太太的住处曾经遭受过1500多起异常事件的骚扰。

从1977年8月至1979年4月，怪事接二连三地发生：家具常常会自己移位，到处都会发出莫名的声响……安装在孩子房间里的

摄像机更是捕捉到了一些奇异的画面：被单不知被谁掀开，大女儿像着了魔一样从床上蹿起。

后来这些奇怪的现象渐渐减少，最终完全消失。但是到现场观察的人却没有一个弄明白这是怎么回事。

英国工人的奇遇

一个暮色苍茫的傍晚，一个名叫费尔顿的英国地毯工，参加完标枪比赛后，驾着小汽车往家里赶。突然，他发现路边站立一个面容憔悴，下巴很长的男人朝他伸出拇指，请求他停下车来带他走一程。

费尔顿一向乐于助人，他把车子停了下来，让那人钻进了车子里。那人一言不发，只是用手指着前方。看着他这个模样，费尔顿也不好太多搭理他，只顾开着车子在凹凸不平的路面上前行。

好不容易过完这段崎岖的路段，费尔顿舒了一口气，拿出香烟，给坐在旁边的那位陌生人递过去一支。但他立即又停住了，而且惊得目瞪口呆，那个明明上了车、坐在自己身边的人不见了！这种幽灵乘客事件，在附近的村子里也曾出现过，甚至当地警察局也接待过好几个遇见过幽灵乘客的人。

撞倒的女人不见了

1974年的一天，一个驾驶小汽车的人，不小心撞倒了一个走在路上的女人。他匆匆忙忙跳下车，到附近去找抢救受伤者的药物和医院。

可是，当他满头大汗赶回出事地点时，只见自己的汽车静静

地停在路中间，而那个被撞伤躺在路上的女人却不见了。路上没有一点血迹，连发生过车祸的迹象也消失得无影无踪。

人们展开的争论

这种幽灵乘客事件开始引起人们的关注，有人开始探寻起它的底细来。有的认为，幽灵乘客不是有血有肉的实在东西，而是人们的一种幻觉，是由于荒诞不经的民间传说的影响所致。

有的则认为，这是因为驾车人太疲劳了，才下意识地总觉得有一个幽灵乘客坐在自己身边。

但是，更多的人却认为，以上的解释不能说服人，因为它不是个别现象，在附近的村子里已分别在不少人身上发生过，而且，人们的幻觉是不可能维持这么长一段时间的。至于真正的原因是什么？直至现在，还是众说纷纭。

大仙附体

在一个边远山区曾发生过这样一件事：一天，兄弟俩一起去赶集，两人走了很远一段路，都觉得很疲劳。这时，弟弟偶然见到前面不远的地方有个老太婆在走路，哥哥却说他没有见到。对此，弟弟感到很是害怕，以为自己是"大白天见鬼了"，哥哥也

感到很紧张。

兄弟俩回家后便产生了心慌、胸闷感，并出现短暂性昏迷状态，卧床嗜睡，叫也不应。

此后，他们有时自称是某大仙附体，并以神仙的口吻下达命令；有时又自称是已故多年的祖父，要全家人向他们叩头认罪，否则格杀勿论，闹得全家人不得安宁。

精神病理

科学证明，所谓神灵附体现象是一种精神病理现象，其主要症状是身份障碍，即本人现实身份由一种鬼神或精灵的身份暂时取代。患者多数性格外向、喜交往、重感情，还常有癔症性哭笑失常发作的历史。

这种精神疾病的发病机理和病因目前还不十分清楚。有人认为发生这种疾病是一种变换的意识障碍，具体表现为知觉、记忆、思维、情感、意志力等方面都存在障碍。如患者对主客观和现实的辨认能力明显减弱，受暗示性影响明显增强，过分依赖于巫师或心目中权威人物的意愿，而被动地顺从并付诸行动等。

至于发病原因，有很多，如癫病发作、血糖过高或过低、脱水、睡眠剥夺、药物的戒断状态、气功入静、白日梦等。

在线小知识

2003年12月19日，安置在英国伦敦汉普顿宫某个通道入口的监控摄像头拍摄到一个画面，关得好好的防火门经常会莫名其妙地打开。有人认为这个"连环开门者"是亨利八世的鬼魂。

图书在版编目（CIP）数据

人类文明的奇特搜寻：人类魔力揭晓 / 韩德复编著
. -- 北京：现代出版社，2014.5
ISBN 978-7-5143-2670-3

Ⅰ．①人… Ⅱ．①韩… Ⅲ．①人类学－普及读物
Ⅳ．①Q98-49

中国版本图书馆CIP数据核字(2014)第072396号

人类文明的奇特搜寻：人类魔力揭晓

作　　者：韩德复
责任编辑：王敬一
出版发行：现代出版社
通讯地址：北京市定安门外安华里504号
邮政编码：100011
电　　话：010-64267325　64245264（传真）
网　　址：www.1980xd.com
电子邮箱：xiandai@cnpitc.com.cn
印　　刷：汇昌印刷（天津）有限公司
开　　本：700mm×1000mm　1/16
印　　张：10
版　　次：2014年7月第1版　　2021年3月第3次印刷
书　　号：ISBN 978-7-5143-2670-3
定　　价：29.80元